經營顧問叢書 ㉉

總經理如何靈活調動資金

丁元恒　編著

憲業企管顧問有限公司　發行

《總經理如何靈活調動資金》

序　言

　　本書是專門解決企業在現金流管理中實際遇到的各種問題，從企業管理的視角，來審視企業的現金流管理、使用、流通。

　　「真奇怪：公司明明獲利，爲什麼還缺錢，非去借錢不可？」說這種話的人，通常是只懂得什麼叫銷售利益，對資金管理卻是一竅不通的人。

　　對公司而言，「利益」和「資金管理」是相輔相成、缺一不可的。那麼，利益和資金到底有什麼關係呢？常有人會拿一種運動來做比喻：「如果說利益是棒球，那資金就是打擊了。」利益是「棒球比賽」，利益是「棒球」，利益的計算期間是 6 個月和 12 個月各一次，所以，即使在前 11 個月裏都是赤字，仍有可能在最後一個月裏增加許多利益，以平衡過去的赤字；就如同打棒球，經常在第九局出現反敗爲勝的情形一樣。

　　可是，資金是「打擊」，資金一旦不足，就會立刻被判出局。即使知道明天會有一百萬元的進賬，只要今天僅有十萬元的支票無法兌現，公司就會破產。經營企業絲毫不允許有一天的資金短缺，只要被擊倒過一次，恐怕就很難再爬起來了。

　　眾所周知，企業的現金流就像企業的「血液」一樣，只有讓企業的「血液」順暢循環，企業才能健康成長。現金流有力

地支撐著企業價值，可以說，增進現金流就是創造價值，現金流阻塞就是企業倒閉的前兆。

我們隨處可以聽到這樣的說法──現金為王，這是一種卓越的財務理念。

說到一家公司的資金調度，複雜得多了。它同時關係到許許多多各式各樣的交易，又與許多經濟規則息息相關，實在很難去掌握。

那麼，究竟什麼地方複雜呢？公司成立之後，股東所繳納的股款即供做公司的資金之用，如果資金不夠，再向銀行借入，所集資金用來購買辦公室或工廠的機器設備：如果是製造業，則利用這些資金購買原料以製作產品。因此，在製造業裏，資金幾乎都用在購買原料、材料、半成品等的存貨上面，一直到做好成品賣出去之後，資金才會回流。進而將回流的資金用來支付原料、人事費用及其他經費，剩下的資金先存起來，待年度結算時做為支付稅金或股東紅利之用，再剩下的部份就做為公司的保留盈餘。從這點看來，公司的資金就如同人類的血液一般，經常在公司內部不斷循環。像這種資金的流動，我們就叫做「資金的週轉」，如此不斷反覆下去，公司就會不斷繁榮成長。

公司內部的資金問題之所以複雜，是因為生意上的往來並非全都足以現金交易，而這一點和公司資金問題的考量有相當密切的關係。

生意上的往來若是完全以現金交易，不僅會使資金能力不足的公司成長更為遲緩，也無法讓經濟社會有更進一步的發展。

也就是說，如果以現金交易作爲回收條件來銷售產品的話，就會造成限制買方也只能用手邊僅有的現金來購買產品的現象。購買原材料時，如果不需使用現金支付貨款的話，就可藉由付款日期延後來進行大量生產。

　　換句話說，公司的買賣並非在交易發生時以現金支付，而是基於彼此的信用，以應付賬款及票據的方式來延後付款，也就是靠著「信用往來」而持續成長的。

　　所以，公司的資金運作，也必須根據這種「信用往來」去考量而妥善運用。

　　在信用交易的社會裏，要妥當管理資金，「現金流比利潤更重要」。對於企業的成功，我們應該深信不疑，利潤豐厚不一定能讓事業成功，但現金流可以！

　　企業經常不知道如何更有效地管理現金流量，本書對企業裏普遍存在的現金流問題提供了有價值的指導，對如何進行現金流管理做了詳細的介紹，簡潔明瞭，有助於企業內外兼修，實現和改善對現金流的管理。

　　本書簡單扼要，通俗易懂。本書大量採用圖表的形式講解現金流的理論和管理方法，並配以諸多生動的實際案例，講解形象直觀，深入淺出。

　　本書盡可能全面地介紹了各種實用的現金流管理方法，使讀者能夠掌握現金流管理最新的策略和方法。

2010 年 6 月

《總經理如何靈活調動資金》

目　錄

第 1 章

如何輕鬆調度資金

第一節　公司的資金流向

一、公司的資金調度不如家庭收支般單純

公司的資金調度，關係到許許多多各式各樣的交易，又與許多商業規則息息相關，所以乍看之下實在很難去掌握。

那麼，究竟什麼地方複雜呢？從公司的設立到營運的階段看起吧！公司成立之後，股東所繳納的股款即供做公司的資金之用，如果資金不夠，再向銀行借入，所集資金用來購買辦公室或工廠的機器設備：如果是製造業，則利用這些資金購買原料以製作產品。因此，在製造業裏，資金幾乎都用在購買原料、材料、半成品等的存貨上面，一直到做好成品賣出去之後，資金才會回流。進而將回流的資金用來支付原料、人事費用及其

它經費，剩下的資金先存起來，待年度結算時做爲支付稅金或股東紅利之用，再剩下的部份就做爲公司的保留盈餘。從這點看來，公司的資金就如同人類的血液一般，經常在公司內部不斷循環。像這種資金的流動，就叫做「資金的週轉」，如此不斷反覆下去，公司就會不斷繁榮成長。

圖 1-1　公司內部的資金流向

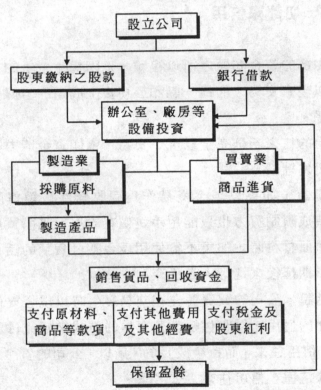

有個小廠商，兩年進過三次當鋪，一次是將冬季的服裝抵押，以有更多的資金進夏季服裝，兩年來他的資產從 6000 元發展到擁有 30 多萬元。

有一家生產毛衣的小廠，僱了一批郊區農民手工編織毛衣，出產一批便拿到當鋪當掉，換了錢購置新毛線，織成毛衣又拿到當鋪當掉，如此反覆，到 9、10 月毛衣上市季節，便到典當行一次性贖走全部毛衣，投放市場，活了資金省了倉庫，可謂一石二鳥。

二、一切都靠信用

公司內部的資金問題之所以複雜，是因為生意上的往來並非全都是以現金交易，而這一點和公司資金問題的考慮有相當密切的關係。

生意上的往來若是完全以現金交易，會使資金能力不足的公司成長更為遲緩。

也就是說，如果以現金交易作為回收條件來銷售產品的話，就會造成限制買方也只能用手邊僅有的現金來購買產品的現象。購買原材料時，如果不需使用現金支付貨款的話，就可藉由付款日期延後來進行大量生產。

換句話說，公司的買賣並非在交易發生時以現金支付，而是基於彼此的信用，以應付帳款及票據的方式來延後付款，也就是靠著「信用往來」而持續成長的。所以，公司的資金運作，也必須根據這種「信用往來」去考量。

第二節　資金調度不當會導致公司破產

一、看不到「錢」的存在

　　泡沫經濟崩潰，公司倒閉的情形屢增。無論處在什麼時代，公司倒閉都是悲劇。一旦倒閉，公司職員的生活重心頓失，從職員的家庭到往來的客戶，對大家而言都是場悲劇。據說，在日本每年約有 10 萬家左右的公司誕生，而 10 年後只剩下 20% 的公司繼續生存。近來，負債總額超過 1000 萬日幣的大額破產事件，每年也都會發生 1000 件以上。這些公司破產的直接原因大都是在於資金調度發生問題，導致支付能力喪失而產生退票所致。總之，過度忽視資金調度的重要性，乃導致公司破產的前兆。

　　而令人驚訝的是，那些公司倒閉之後，有很多負責人都感歎地奉下：「當時若能有正確的資金運作，就下會落得倒閉的下場了！」

　　在許多倒閉的公司例子中我們可以發現，他們大都在營業額方面有成長，利益也同樣很順利地持續增加，但由於借款過多，當資金週轉上突然有急需又借不到錢，等到發覺時，卻早已開出了無法兌現的空票，「於是公司就在剎那之間遭逢破產的命運。」

二、何謂成功的資金調度

那麼，正確的資金調度方法指的究竟是什麼？所謂「健全的資金調度體制」，必須確實掌握四項基本原則：

(1)量入為出；

(2)培養對「帳目與金額不符」的警覺性；

(3)掌握資金「調度」與「運用」的結構；

(4)資金運用時，須將資金分為週轉資金與固定資金兩部份。

資金運作要能產生真正的利益才重要。但是，若只看到眼前的營業額及利益數字，那就完全忽略了資金運作的關鍵問題。大家千萬別忘了：資金必須植基於正確的財務循環。

第三節　公司倒閉前的症兆

企業經營最困難的一件事，就是如何加強資金管理的能力。

法國大英雄拿破崙的銘言：「打勝仗要有三個條件，第一個條件是錢；第二個條件也是錢，第三個條件還是錢。」俗語說：「一文錢可以逼死英雄好漢」，經營企業的老闆儘管是業績呈現了千萬元的利潤，可是過不了當天三點半的支票大關，第二天必然是醜事千里傳，債主將會蜂湧而來，再者，像華美企業資產的評估，可以從 40 多億的價值濃縮到 6 億，足見資產變現及

現金流動的重要性。當前企業由於先天自有資金的不足，經營體質可說是很脆弱的。

　　景氣好的時候即使身邊沒有一文錢，借高利貸投機，只要時來運轉，真的瞬間即成為億萬富翁；可是一旦景氣低迷，不僅資金被套牢，而且告貸無門，每天軋頭寸、跑三點半，碰到學者專家脫口即問：「景氣何時好轉？」真是令人哭笑不得。

　　企業猶如人體，營業是企業的眼睛，會計是公司的心臟，而資金即為企業的血液；血液循環不好，公司就有倒閉的危險。

1.缺乏銷貨競爭力

　　任何資力最雄厚的公司，也受不了銷貨業績連續三個月下降 50%。此因銷貨業績表示生意好；請問各位「什麼叫做生意」？所謂生意就是生存的意志，銷貨差就是生意差，也表示求生的意志低落，從而也顯示了企業將有倒閉之可能性。

　　在臺灣做生意沒有三天的好光景，例如電動玩具業由於政府政策的變更，內銷生意不能做了，銷貨業績即刻一落千丈，除非經營者能夠臨機應變及改頭換面來轉換經營的方向，例如改向電腦行業或拓展外銷，否則將因企業缺乏銷貨的競爭力而宣告倒閉。

　　有位朋友在去年轉向投資迷你隨身聽的產品，原本外銷報價尚有利可圖，可是經過半年的試製階段之後，材料也大批進口了，售價較前期降低 45%以上，業者的削價競銷，簡直是不計血本而自相殘殺。

2.企業超過實力之過大投資

　　由於景氣過熱時期，盲目擴充產銷規模與進行龐大之設備

投資，未能洞察行銷市場的急激變化及具備充裕之資金計劃，造成了資金完全凍結於固定資產之苦果。某一紙業公司老闆，在未考慮自身資金薄弱之條件下，盲目擴充設備來達成提高原有生產能力三倍之計劃，然而卻換來市場景氣的蕭條，機器轉嫁率大爲降低，造成了利息負擔增大與固定成本高漲的惡果，以致其經營實績虧損累累，面臨了倒閉的邊緣。

多年來與中小企業經營者的朝夕相處，獲悉彼等對於資金管理常識的薄弱，曾經有一位老闆對於固定資產的價值超過淨值的五倍而喜不自勝，根本不瞭解企業的投資設備過巨發生資金短絀的嚴重性。

3.利息負擔過大

以放高利貸爲生的業者如不遭遇倒帳的損失，可以說是當前景氣低迷時期一枝獨秀的行業。

臺灣的銀行利率本來就此外國高，而黑市利率更是高得嚇人。一般言之，利息負擔如佔銷貨淨額百分之十以上時，即有倒閉的危險。目前企業經營超過上述利息負擔比率之業者比比皆是，難怪票據交換所拒絕往來戶的件數直線上升。由此可見中小企業的經營者必須痛下決心來研究資金管理實務之改善，實爲當前刻不容緩之急務。

4.經營者缺乏經營戰略運用技巧

商場如戰場，軍隊打仗，講究的是戰略與戰術的靈活運用，「三分軍事，七分政治」更代表了當前總體戰的環境下，政治是戰略，換言之即爲企業的方針、目標、計劃、軍事是戰術，亦即是管理的手段、工具及制度等，如果戰略成功，即有七分

的勝算；可惜當前的中小企業老闆常將企業經營的戰術之運用本末倒置。俗語說得好：「男怕選錯行，女怕嫁錯郎」，當前的企業經營只要選對了行業，即有七成的勝算，例如水泥業的黃金時代相當長久，受到不景氣傷害的程度很小，顯見其產品壽命率之強韌。

　　有一家金屬製造業者感覺企業規模日愈擴大，外包管理日趨複雜，曾聘請某大學的企管專家前來指導經營實務，設計了許多管理制度及有關的表格，同時也增加頗多的事務人員。從事現場工作改善，把學校所學的 IE 及 QC 的管理技術全部搬上用場，結果適得其反，經營業績反而虧損累累，而後經過經營診斷分析，發現虧損主因乃在於製品的附加價值收益性太低，僅材料費即佔銷貨淨額的 90%，這家公司如何能夠賺錢呢？亦即企業規模必須與製品導向互相配合，如果公司產品的製造，即連小工廠，也能代勞而未具有生產優位性時，則必然要走入削價競銷的末路。所以該家廠商改向開發車輛蓋等之高附加價值產品之後，經營業績隨之好轉。因此在當前低成長不景氣時期，經營者如再不重視戰略與戰術之運用技巧，恐有公司倒閉的經營危機發生。

5.銀行的支持停止

　　銀行是晴天借傘、雨天還傘最現實的行業，中小企業由於先天不足及後天失調之經營環境下，向銀行告貸融資本屬不易，一旦被銀行通知借款到期必須償還，就在「有借有還，再借不難」的美麗言詞下，拼著老命向民間告貸來償還銀行借款，也聽信銀行經理的保證，重新所申請的貸款在下週必能批准兌

現，可是「天有不測風雲，人有旦夕禍福」，若遇銀根緊縮或信用政策變化，到時候連銀行經理也愛莫能助，如此銀行支援的突然停止，也是導致資金週轉不靈而宣告公司倒閉之主因。

6.無法適應動盪不安之環境變化

在當前瞬息萬變的經營環境下，印證了優勝劣敗，適者生存的至理名言，例如日本豐田小汽車橫掃美國新大陸市場，逼得美國汽車業者停工減產而虧損累累。美國 NCR 公司政向電腦業發展而轉虧為盈。日本佳能會社也從影印機領域轉向信息工業發展，均為最佳的事例。由是之故，中小企業的市場及顧客過於集中，則其風險無從分散，如果又從事單一產品之經營形態時，一旦景氣轉劣，勢將無法採取應變的措施，只有「坐以待閉」。因為企業外部環境有了急激之變化，僅憑努力與動勁即能獲取高額機會利潤的時機已不復再來，今後將面臨的是一個動盪不安的時代；經營者之首要工作，即為確保事業生存的能力及建立企業的結構力和健全性，俾能培養突變狀況下的適應能力，進而掌握新的契機。

由於外部環境的變化，將會影響到企業的收益性及銷貨實績，例如經濟不景氣與政府縮緊銀根政策之影響，造成房屋建設業界之空前危機，宣告退票倒閉的建設公司比比皆是。所以經營者要有敏銳的洞察能力，能夠適應環境的變化，適時機動調整經營之目標及方針，方能避免倒閉危機之發生。

7.自己資本不足

中小企業經營者最希望投資 1 元的資本能夠創造百元的銷貨。如果資金發生短絀，甚至以高利貸舉債，造成了先天財務

結構的不良與負債（金額的過大），難怪一般民營企業之自有資本比例（自有資本÷總資本）超過 50%以上者微乎其微。

　　曾請教頗多之中小企業經營者的創業資金是多少？所得答案真令人欽佩，亦即創業資金以告貸方式者居多，利用高度經濟成長的大好時機，運用他人資本來擴大營業利益，這種時勢造英雄的創業成功者，並不重視自己資本不足的經營危機，可是面臨不景氣之經營環境時，所發生之效果適得其反，此因自己資本的薄弱而需負擔沉重之利息支出，致使赤字虧損更加嚴重，造成資金短絀的惡性循環，飽嘗負債過大所造成之後果。

8.最高經營者之計數感覺薄弱

　　說起來令人難以相信的一件事實，亦即 80%以上的中小企業從來無法確知經營業績的盈虧，此因企業未能建立健全的會計制度，一種業績具有三套帳，虛虛實實，真真假假，弄得老闆也迷迷糊糊，月終決算無從做起，預算控制與目標管理，資金計劃與利益計劃等之管理技巧更是無法運用。這種缺乏計數管理的經營感覺，實為企業倒閉的導火線。

　　世界首富的 J.Paul Getty 氏所著之「llow to be rich」一書中言及：「曾經調查許多企業界的幹部，雖都是美國第一流大學企業管理系的畢業生，說起來令人難以相信，竟然連資產負債表也看不懂。利潤一詞的意義也弄不清楚，甚至幹上了高級主管既沒有成本觀念，也沒有利潤意識，終遭致革職之後果。」當前中小企業的經營者，絕大多數也會發生上述的情況。

9.研究開發力之不足

　　日本及美國的經營者閱讀新產品開發的新聞時，都會心驚

肉跳而精神緊張，可見先進國家多麼重視研究開發。

日美大企業每年必定從銷貨額中提撥固定比率基金來從事新產品的研究開發，此因創新是企業發展的原動力，無創新即無企業，反觀中小企業以仿造粗制爲能事，一味偷工減料及殺價競銷，自相殘殺至無利可圖而宣告倒閉才肯甘休。所以在 TMG的企管密集訓練時，一再強調研究開發力的重要性，唯有不斷地研究開發高附加價值的新產品，方能避免企業倒閉恐怖感的威脅。

第四節　融資的首要觀念

很多人聽到「借錢」兩個字就嚇壞了，有錢的人怕人借錢；沒錢的人又怕開口向人借錢。其實，借錢不一定是缺錢的必要手段，缺錢的人有時只要通融通融一下就夠了，所以說「借錢」倒不如說「融通」來得洽當些。再有錢的人也需要融通的時候，一個企業也不例外，不懂得融資的技巧，任它有多大的能力與效率，也難逃資金週轉不靈的厄運。

二次大戰以前的企業管理屬於「生產導向」時代，也就是說那時企業經營只要注重生產管理，產品就不怕沒有人買，廠商只要拼命地做，東西就可以很順利地賣出去，產品生產愈多，企業也就賺得愈多。

二次大戰以後，人類生活品質提高，對產品的要求也愈嚴

格，單調的東西已不能滿足一般消費者的需要，有些東西甚至需要廠商去刺激需要，慢慢地進入「市場導向」時代，消費者的需求與滿足成為企業經營的首要目標。然而近年來，石油短缺、通貨膨脹，人類漸感世界資源有限，尤其在這般不景氣時期，財務困境成為一般企業的普遍現象，「財務管理」乃漸漸受到企業界的重視，相信在未來這段時期，國內企業界將會更加注意其財務資料的有效運用，事實證明：「財務導向」時代已經來臨了。

　　談到財務管理，馬上就讓人聯想到如何取得資金及如何運用資金，有效地運用資金也許可以節用資金的使用，但是資金的取得畢竟是財務管理最基本的課題，祇要能充分地取得融資，其他的事情都可迎刃而解。融資對一個中小企業尤其重要，因為國內的融資環境並不很理想，想順利取得融資非下一番苦心不可，在瞭解融資方式及辦法以前，首應建立一套融資應有的觀念，這些觀念包括那些呢？

1.不能不借錢

　　老一輩的企業都認為借錢是一件很不光彩的事情，寧願保守經營，絕不輕言貸款。有的認為拿祖先產業去抵押有損祖上陰德，有些則無法忍受讓別人賺取利息的「損失」。然而，現代企業已漸偏向「舉債經營」的觀念，認為拿別人的錢來賺錢是最聰明、最有效的經營方式，也是企業發展的必經途徑，可以說：這年頭只有錢人才能借更多的錢，賺更多的錢，我們若想在這個經濟社會上立足就不能不借錢。

2.不要錢也要借錢

這句話聽起來好像不合邏輯，殊不知等您急需再想借錢就來不及了，其理由很簡單，一方面是由於時下的金融機構作業速度都不快，答應得也不夠爽快，二方面是因爲您不先借錢，別人怎知道您信用如何？所以在您不需要錢時不妨先試著借錢，祇要有借有還，下次再借就不難了。

3.借錢不只找銀行

大部份借錢都先想到父母兄弟，然後是親戚朋友，再來就是銀行了，其實銀行只是金融機構之一，除了銀行以外的融資單位還包括：信託公司、租賃公司、信用合作社、分期付款公司、票劵金融公司、三點半公司、銀樓，甚至同業、地下錢莊都是可能的融資來源，這些單位的融資內容及方式都有需要瞭解，才能廣開財路。

4.不借錢也能週轉

能借錢來週轉當然最好，但是借錢太多會影響財務結構（使負債比率偏高），而且不應借錢而去借錢時，等於造成另外一個損失（即利息），企業若能以節省資金使用的方式來取得融通，比借錢更能發揮良好的財務管理功能，譬如：儲蓄、保留盈餘、賒欠貨款、加強催收、處分資產、租賃設備、尋求保證等都可以達到週轉的效果，應該善加運用。

5.要懂得如何借錢

借錢是一種科學，也是一種藝術。所謂「科學」是指借錢有一定的辦法和原則可循，要懂得如何借錢以前應先瞭解國內金融的環境、融資的各種來源及種類、融資的作業程序以及信

用評估要素等，明暸這些之後，融資的手段就靠個人「藝術」的發揮了。

第五節　資金運作的準則

有人說：「利益我懂，但對資金卻一竅不通。」那些人都是由於未將利益結構與資金結構視爲一體所致。也就是說，若弄清楚了這兩個結構中那個結構出了問題的話，應該就不會再引以爲苦了。

因此，請掌握四項基本原則：

(1)量入爲出。

(2)培養對「帳目與金額不符」的警覺性。

(3)掌握資金「調度」與「運用」的結構。

(4)將資金劃分爲週轉資金與固定資金兩部份。

接下來，就針對以上四點循序說明。

1.量入為出

如果以運動來做比喻的話，我們可以說：「如果利益代表棒球，那麼資金就是打擊了。」打棒球時即使在前八局都輸球，也可能會因第九局的得分而反敗爲勝，公司營運的情況也是如此：期末之前即使沒有絲毫利益產生，也可能在期末銷售額突飛猛進、大幅成長，利益自然就出現。相對地，在最後一局以前即使都是勝利在望，但只要在最後一局未有打擊表現，沒得

到半點分數的話，很可能就會被後攻的球隊追上，結果輸了這場球賽。

資金的運作更是如此。表面上營業額和利益都在掌握之中，但資金調度一旦累積到某一程度而無法順利支付的話，公司勢必就要宣告破產。因此，最重要的就是要量入為出。公司的情形和家庭收支的情形很類似，最後都會因為回收而有收入，因付款而產生支出。

公司資金運作的基本原則也就是要掌握收入與支出這兩大項目。在經濟景氣而公司業績也很平穩時，即使稍微多支出一點，也不致於會對收入造成影響。但當經濟不景氣而公司業績也開始惡化時，那就必須要控制支出了。例如預測到未來 2 年的經濟不景氣，公司業績會逐漸萎縮，那麼在目前就要規劃並執行人員的減量計劃，逐步地裁掉不必要人員，半年內裁掉 15%人員，1 年內裁掉 30%人員，一步一步執行。

總而言之，在考慮資金運作時，最重要的一件事就是「預先訂定收入計劃，再配合收入來進行支出」。一旦發覺「收入計劃」執行績效有問題，立即修正，並配合招待相對應的工作。

2.培養對「帳目與金額不符」的警覺性

「營業額成長了，為何反為資金問題所苦？」

「這個月的帳目上明明有盈餘，為什麼還會有資金不足的問題？」

「那家公司都是黑字，為什麼還會宣告破產？」

在公司經營方面，常會發生類似上述幾種不可思議的現象。那也就是所謂的「帳目與金額不符」及「黑字破產之謎」。

那麼，究竟是什麼原因導致這些現象發生呢？

在計算公司從成立到結束所需的所有損益時，我們可得知：收入＝收益、支出＝費用、手邊現金＝利益；而在計算方面，損益計算與資金計算理應一致。但是，實際上公司的損益計算是一段時間（通常為一年）的營業成績，由於是採期間損益來計算，所以收入≠收益、支出≠費用。就如同先前所提到的一樣，公司之間的交意並非完全是以現金進行的，而是基於信用往來為基礎。

計算公司利益的會計原則是「費用系根據支出來記帳；收益則依據收入來記帳，並在其發生期間做正確的個別處理。」此項原則即是所謂的「發生主義」。

那麼，損益計算與資金計算會產生出入的是那一部份呢？在日常交易中，經常發生的有下列四個項目：

(1)應收債權：系指業已提列營業額並列入收益，而實際上尚未進帳的收入部份。

(2)存貨資產：系指業已支出，但尚未當作銷貨成本提列成費用的部份。

(3)固定資產：系指業已支出，但尚未當作折舊費列成費用的部份。

(4)應付債務：系指業已提列至銷貨成本，記入費用欄，但尚未支出的部份。

只要參照圖 1-2 所列的資金運作表、損益表、資產負債表之關係即可一目了然。

圖 1-2　損益計算與資金計算的差異可在資產負債表上顯示

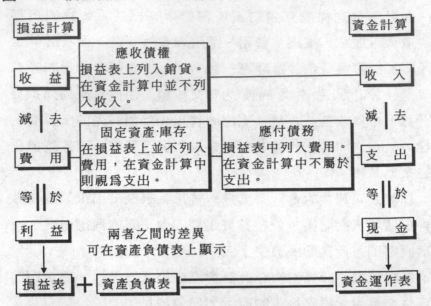

　　想必大家都知道，資金運作表上列有某一段固定期間內的資金「收入」與「支出」二項科目，當銷貨收入不足以供應支付所需負擔的資金時，就要設法以借款或票據貼現等方式來籌措不足的資金，以求得資金供需的平衡。而損益表則如前頁所述，是用來表示某一固定期間內的損益，資產負債表則是用來歸納公司營運的「財產內容」。

　　換句話說，顯示在損益表上的是公司採用何種營業方法；而顯示在資金運作表上的是何種回收與付款條件；最後，有多少的應付帳款、多少的應收帳款、存貨有多少增減則表示在資產負債表中。

　　要瞭解公司業績，就必須將這二種表格綜合起來考慮才

行。接著,就讓我們假設買進 8 萬元的商品,以 10 萬元賣出時,各種不同的交易方式會對資金運作表、損益表、資產負債表有何種不同的影響。

表 1-1　資金運作表與 P/L,B/S 的關係

	資金運作表		損益表		資產負債表	
A	收入	10 萬元	收益	10 萬元	現金 2 萬元	利益 2 萬元
	支出	8 萬元	費用	8 萬元		
	現金	2 萬元	利益	2 萬元		
B	收入	0	收益	10 萬元	應收帳款 10 萬元	借款 8 萬元
	支出	8 萬元	費用	8 萬元		
	現金	8 萬元	利益	2 萬元		利益 2 萬元
C	收入	10 萬元	收益	10 萬元	現金 10 萬元	應付賬款 8 萬元
	支出	0	費用	8 萬元		
	現金	10 萬元	利益	2 萬元		利益 2 萬元
D	收入	0	收益	10 萬元	應收賬款 10 萬元	應付賬款 8 萬元
	支出	0	費用	8 萬元		
	現金	0	利益	2 萬元		利益 2 萬元

(1) A——現金買進、現金賣出。

(2) B——現金買進、賒帳賣出。

(3) C——賒帳買進、現金賣出。

(4) D——賒帳買進、賒帳賣出。

A 是完全的現金交易,所以收入＝收益、支出＝費用,故利益爲手邊所有的現金 2 萬元。B 是現金買進賒賬賣出,所以手邊的現金不到 8 萬元,故必須借入不足的現金。C 爲賒帳買

進現金賣出，故無需支出現金，而擁有銷貨額的全部金額 10
萬元。D 爲賒帳交易，所以完全沒有現金流動，即使有 2 萬元
的收益，現金仍爲零。

以上的內容若記入損益表，表示不會因交易方式不同而有
所差異，但若記入資金運作表和資產負債表，則會產生如表 1
所示之不同。

3.掌握資金調度與運用之結構

公司藉由資金的循環使資金不斷增值、成長，而這些資金
的流動，則可區分爲「調度」與「運用」二方面。

⑴資金調度

做生意首先要有本錢，若爲個人小本生意，則店東要拿些
本錢出來：要成立公司，則各股東先要繳納股款供做資本金之
用。除此之外，也有人向銀行等金融單位借款以籌措資金。以
資本金或保留盈餘等自給自足方式調度而來的資金，我們稱之
爲「自有資本」；反之，若自銀行等處借款而來的資金我們叫做
「借入資本」。這兩種資本最大的不同在於，自有資本不需還
款，借入資本由於是向他人調借而來，當然就需有還款動作；
理所當然地，還款時還會有利息的發生。

自有資本愈多，對公司的經營自然就愈有利，尤其是保留
盈餘不需還款，而且還是不需花費成本又可自由運用的資金。
所以，雖然同樣是資金調度，但調度方式的不同，對公司的營
運成長也會產生很大的差異。

⑵資金運用

從自有資本及借入資本調度而來的資金,可投資以下幾點：

①辦公室及廠房等之設備

②原材料、半成品、產品、商品等之庫存

③應收帳款及應收票據等之應收債權

④人事費、廣告費、研究發展費等經費之支出

以上這些資金的功能就在於「資金的運用」。總括而言，資金的運用可用於投資辦公室及廠房等設備之長期性的「固定資金」(又叫做設備資金)；亦可用於投資購買原材料、應收帳款、支付經費等短期性的「週轉性資金」。

4. 週轉資金與固定資金的劃分

看看週轉資金與固定資金的個別運用方式吧！首先，讓我們先來掌握短期性資金——週轉資金的調度與運用。可當作週轉資金運用的有以下四項：

(1)現金、存款、有價證券等之流動資金；

(2)應收票據、應收帳款等之應收債權；

(3)商品、原材料、半成品、產品等之存貨；

(4)其他應收款及暫付款等的其他流動資產。

此外，需要調度的週轉資金有以下三項：

(1)應付票據、應付帳款等之應付債務；

(2)短期借款；

(3)應付稅款、預收款等之其他流動負債。

因此，在檢討週轉資金是否順利週轉時，只要掌握調度與運用的狀況即可。

另外，有關長期性的固定資金有以下三種運用方式：

(1)投資建築物、土地、機器等之設備；

(2)投資研究開發專利權、商標權等之工業所有權；

(3)對關係企業、子公司等之股份投資。

而這些固定資金的調度方式有以下兩種：

(1)股款及保留盈餘等之自有資本；

(2)發行公司債、長期借款、退職準備金等從借入資本調度而來的固定負債。

第六節 （案例）營運資金的重要性

食品加工廠成立已有 10 年多，最近因朋友的介紹，向銀行貸款。當其將財務報表連同不動產抵押資料送達銀行後，竟被銀行打回票。銀行的理由是：財寶公司的營運資金不足。

公司負責人覺得很納悶，為什麼已有不動產抵押的提供還貸不到款額？難道營運資金那麼重要？

因此張寶財便寫信到本專欄請教。

銀行不是買賣不動產的機構。很多人以為有不動產抵押就是一定可以借到錢，其實不然。不過通常不動產當抵押要借錢比較容易，因此貴公司借不到錢，可以想像得到是財務或營業狀況太不理想所致。

所謂的營運資金即等於流動資產減流動負債之值。銀行貸款瞭解其的目的在於探知貴公司短期償債能力以及貴公司對營運資金利用是否得宜妥善。營運資金運用不妥當或不足，嚴重

的足以造成公司的倒閉；造成企業超額的利息負擔，減少利潤則不在話下。

　　一般而言，一個企業發生營運資金不足的原因約略有以下幾點：

　　1.銷貨成長過速，導致短期資金失調。通常我們總以為生意興隆是好事，但嚴格上說來卻有其隱憂。生意做得愈大，進貨資金相對提高，存貨亦需增加，因此也必須有相當的理財技術與充足的短期資金支撐才可。

　　2.因為通貨膨脹，物價上漲，導致重置成本提高。原先進貨 10 元的成本，因通貨膨脹的關係，而使重置成本提高到 11 元的現象，就必須有更多的短期資金來加以支撐不可。

　　3.發放股利不當。國內有很多企業年底的股利(分紅)太無節制或計劃性,以至於將來的發展每每受限於自有資金的不足。

　　4.發生營業損失。

　　5.發生非常損失。例如水災等不可抗力的災害使公司遭受損失，亦將使營運資金減少。

　　6.產業與設備擴充。此項原因同第一點，但在國內卻有許多廠商以短期資金來支援設備的擴充，如此不但為公司法所不許，站在企業經營立場亦相當不智。近年來國內許多大型企業倒閉或週轉不靈，大部份原因即由於此。

　　7.虛收資本。國內有許多公司成立時委託會計師或地下會計師調借黑市資金登記，於登記後退回，因而導致資金實質上的不足。另一方面經營策略採低資本方式，不足資金由股東墊借，故經常發生流動負債超過流動資產。

當然也並不是勞動資金不足，企業便會倒閉或週轉不靈，有時是企業營業性質特殊，有時可以以債養債，苟延殘喘。還有其他一些原因會使企業營業資金不足，而仍可以繼續經營：

1.流動資金市價大於帳面價值；

2.營運一週轉速度快速；

3.獲利能力良好，預期未來現金流入穩當。

因爲未看到貴公司提交銀行的財務報表，所以無法判斷營運資金不足的主因。因此若公司不是長期營業虧損，目前正以債養債，則應還有機會向銀行取得融通。

造成黑字倒閉的原因很多，但其主因即在於企業欠缺應付突變的財務能力，而想要能應付突變，加強營運資金的厚度卻是不二法門。因此企業經營應隨時考慮營運資金的需要量，不可有所怠忽。考量營運資金需要量的因素有下幾點：

1.銷售數量：銷售量增加，應收賬款與票據亦增加，需大量存貨支撐，故需較多的營運資金。另凡營業受季節性影響，或市場供給量不穩定，或運輸困難的商品，其營運資金需要量亦較一般企業大。

2.制銷所需時間：製造時間愈長，在製品亦必多，原料存量亦必須充足；銷售時間愈長，製成品存量亦隨之增加，營運資本需要量亦大。

3.賒銷數量與授信條件：賒銷愈多，授信條件與期限愈寬，需以維持生產的資金亦必愈多。

4.企業管理效能：收款效率高，不但壞賬損失減少，而且資金流轉快速；生產效率高，產品成本減低；存貨控制得宜，

不會壓抑或呆滯資金；企業信用良好，銀行支持，融資容易，營運資金自然充足。

　　企業經營者應確實瞭解以上 4 點，作為營運資金規劃的指標。不要以為有大生意做就卻之不恭。做大生意雖然可賺大錢，但亦可能一夜之間讓多年心血累積的企業成果付之東流。

心得欄

第 *2* 章

成也現金流，敗也現金流

第一節　現金流在經營管理的功用

一、對企業價值判斷時，現金流量是重要指標之一

　　企業每天都面臨著兩大課題，即生存問題和發展問題。爲了生存，企業必須靠獲取的現金來支付各種開銷，當現金短缺時，企業就必須通過外部的融資管道獲得必要的現金。從長期來看，企業從經營活動、籌資活動、投資活動中得到的現金必須足夠支付企業維持生產經營活動的最低開支。在企業經營管理活動中，現金流量是客觀存在的。那麼，現金流在企業經營管理中的重要功用是什麼呢？

　　在對企業整體盈利能力進行綜合評價時，常常提到企業價值。專家指出：「利用現金流量折現進行價值評估之所以最佳，

在於它是要求完整信息的惟一標準。在評估價值時，必須具備長遠觀點，能夠在損益表和資產負債表上處理所有現金流量，並瞭解如何在風險調整基礎上比較不同時期的現金流。」

進行企業價值判斷時，可以採用許多種指標評價，但值得注意的是，每股收益或者淨利潤等指標是許多人都偏向利用的，特別是淨利潤指標。而淨利潤是通過權責發生制計算出來的，每股收益則是在淨利潤基礎上計算出來的，淨利潤和每股收益都會受到企業財務會計政策的影響。

因為財務信息具有不對稱性，所以，企業可以通過各種合理的或不合理的手段調整利潤和每股收益等指標，以達到某種目的，這樣會誤導企業價值評估。而且，由於利潤反映的是某一特定時期（如一個月、一個季、一年）企業經營活動的成果，採用淨利潤指標評估企業價值，會使企業注重短期利益，忽視企業價值的長期發展。

而現金流量作為收付實現制核算得出的結果，不受財務會計政策調整的影響，是對企業經營狀況的如實反映，因此，利、用現金流量進行企業價值評估，可以保證評估結果的科學性和真實性。

從市場價值來看，決定著企業市場價值的就是現金流量。現金流量信息能幫助投資者看清企業的真正面貌，能真實地反映企業的投資價值。現金流量能充分說明企業的經營狀況良好，承受風險的能力強，投資者的信心足。實踐表明，企業股票市場價值與利潤指標的相關性越小，則與企業現金流量的相關性越大。證券市場也證明了企業價值與現金流量息息相關。

企業在分析償債能力時，由於往往根據流動比率和負債比率等指標進行，因此，要判斷出企業真正的償債能力是很難的，因為，流動資產中既包括貨幣資金和短期投資等變現能力很強的資產，也包括應收賬款、存貨等變現能力不很確定的資產，還包括根本無法變現的待攤費用等。而現金流量中的現金，是企業實實在在的，是可以立即償還企業債務和其他支出的，所以，根據現金流量計算出來的償債能力指標才可以準確地反映企業的償債能力。

二、企業擴大生產時，現金流量是資源保障

企業的經營活動是一個循環往復的有機系統，它包括材料採購、產品生產、產品銷售以及售後服務在內。在這個過程中，現金流量的循環與生產經營循環緊密地結合在一起，所以，企業最初必須握有一定的現金，用其購買材料，支付工人工資，進行加工等。因此，企業只有擁有一定的資金，才能繼續下一個循環。

從上面的分析中可以看出幾點：首先，在新建企業時必須籌集一定的現金作為初始資本，因為離開了現金企業就不能開始運營。其次，在生產經營中，必須保證現金流量的循環暢通性，一旦現金循環受阻，則意味著企業付出的現金大於企業得到的現金，企業沒有足夠的現金就不能從市場換取必要的資源，那麼就會影響企業的生產經營，生產經營循環也就無法進行下去，沒有了產品，企業就會萎縮，直至現金無法滿足維持

企業最低的運營條件而倒閉。所以，現金流量是企業持續經營的基本保障，是維繫企業生產經營的血脈，是企業生存的根本前提。

現在市場競爭越來越激烈，企業如果不發展就無法生存下去。所以企業需要擴大再生產，要不斷更新設備、技術和產品，要投入更多、更好的物質資源、人力資源等。在市場經濟中，各種資源的取得都需要支付現金，企業的發展離不開現金流量的支援。

任何一個企業，如果要擴大再生產，都會遇到現金流嚴重短缺的問題。企業要擴大生產規模，不僅會擴大固定資產投資，還會增加存貨、應收賬款、營業費用，這些都會使現金流出量擴大。同時，企業不僅要維持當前經營的現金平衡，而且還要設法滿足擴大再生產的現金需要，並且力求擴大後的現金流出量不超過擴大後的現金流入量。

從企業長遠的發展規劃看，現金流量規劃是企業合理配置資源策略的主體內容和防範風險的基本手段。在市場競爭日益激烈的今天，企業追求收益的強烈願望與客觀環境對流動性的強烈要求，使兩者之間的矛盾更加突出。企業發展規劃一般都反映其經營戰略，以獲利為目標，通常包括更高的經營規模、市場佔用率和新的投資項目等內容，其實施需以更多的現金流出為前提，一旦現金短缺，其發展規劃無疑就成了「無源之水」。因此，只有合理安排好現金流量，企業才能實現發展的目標。企業規劃、戰略風險都必須以現金流量預算為軸心，把握未來現金流量平衡。

三、現金流量可影響企業流動性強弱

現金流量還會影響企業流動性的強弱。描述企業爲償付其債務所持有的現金數額或通過資產轉化爲現金的能力就叫做企業流動性。如果一個企業能夠持有充分的現金，或者資產能夠在短期內轉化爲現金，來履行它的支付義務，則該企業具有充分的流動性。

企業在經營管理中，可以通過現金流量循環來創造流動性，從而支付原材料、人工費等，將其轉化爲可供銷售的產品或服務，最後從客戶那裏取得現金。正常的現金流量循環理應能夠保持企業的流動性。

但是，企業有時也會缺乏流動性，其原因不一，可能是由於產品銷售不好，或者無法收回客戶所欠款項。如果企業缺乏流動性，那就意味著這個企業沒有能力履行已經到期的付款義務。企業可能延期支付，也可能採取借款、發行股份或處置資產等緊急措施償還未付清的債務。如果企業在很長一個時期缺乏流動性，就將造成嚴重的財務風險，企業會陷入無力償付的困境，導致最後清算破產。流動性問題是導致中小企業破產的主要原因。

對一個企業來講，其現金流入的「管道」其實只有現金性收入和現金性融資等，而現金流出的「管道」就不同了，現金流出的「管道」實在太多了。可以這樣說，凡是有經營業務的地方就會有現金流出的「管道」。可想而知，現金流入與現金流

出的數量是極不平衡的。

這就引出了企業理財管理中的一個要解決的重大問題，那就是如何調節現金流入與現金流出的數量的失衡並盡可能的維持其均衡。現金流量作為一項財務指標，在企業價值管理中有著極其重要的作用。無論是對於投資者、債權人，還是對於企業管理層以及其他利益相關者，其意義十分明顯，作用也非常之大。

總的來說，現金流量在企業經營管理中起著非同小可的作用，它不但揭示了企業各種經濟資源產生的收入情況，還揭示了企業發生的費用情況；不但揭示了企業當前的償債能力，而且還揭示了企業當前的支付能力；不但揭示了企業投資的經營成果，還揭示了企業理財活動的經營成果。因此，在企業經營管理中探討現金流量的客觀存在及其重要作用，可以達到防範風險，提升企業價值，促進企業健康發展的目的。現金流量在價值創造過程中，猶如企業風險與收益的「平衡器」。企業通過對現金流量規模與結構等的密切關注，能夠正確分析企業在不同時期的支付能力，客觀評價企業的經濟實力，優化企業決策行為，從而達到未雨綢繆，防範和化解破產風險，提升企業價值的目的。因此，可以說，現金流量是企業經營管理的重點。

第二節　現金流量是什麼

一、現金流量能告訴你什麼

現金流量，又稱為現金流動或者現金流轉，它是一個複合詞，由「現金」和「流量」兩個片語成。與我們通常所講的庫存現金不同，現金流量裏所說的「現金」借用的是西方會計中的現金概念，它不僅包括我們通常所講的庫存現金，還包括銀行存款、外埠存款、銀行本票存款、銀行匯票存款，另外還包括期限較短、流動性強、風險很小的投資，即現金等價物（約當現金）。此外，美國還把商業票據納入「現金」之列，那是因為票據可以背書轉讓或向銀行貼現，這裏的「流量」包括流入量、流出量和淨流量三個部份。由於淨流量為流入量減去流出量的差額，所以，通常講的流量即是指流入量與流出量。而現金流量的概念也不是惟一的。

國際會計準則委員會（IASC）對現金流量的定義是：現金流量就是現金及現金等價物的流入和流出，排除匯率變動對現金及現金等價物的影響，因為匯率的變動實質上不涉及現金流量的流入與流出。

美國對現金流量的定義是：現金流量是由交易引起的現金及現金等價物的增加或減少。

　　英國對現金流量的定義是：現金流量是由交易引起的現金的增加或減少，沒有現金等價物的概念。

　　會計準則中對現金流量的定義則是：現金流量是指企業因交易或其他事項而引起的現金增加或減少量，即現金流入和流出的數量。

　　其實，簡單地說，現金流量就是企業現金增加或減少的數量。在投資決策中，現金流量是指一個項目引起的企業現金支出和現金收入增加的數量。這裏的「現金」是指廣義的現金，不僅包括各種貨幣資金，而且包括項目需要投入的企業現有的非貨幣資源的變現價值。現金流量以收付實現制爲基礎，以反映廣義現金運動爲內容，是評價投資項目是否可行時必須事先計算和掌握的一個基礎性指標。因此，可以說，現金流量是計算投資決策評價指標的主要依據和關鍵信息。

二、現金流量的意義

　　從對現金流量概念的瞭解中我們知道，現金流量是現金及現金等價物的流入量與流出量的總稱，也就是說，現金流量是現金及現金等價物的收入量與支出量。因爲現金流量不影響現金淨流量的變化，所以，不在現金流量表中反映。

1.按會計準則要求

　　根據會計準則的要求，我們把現金流量分爲三大類，即經營活動現金流量、投資活動現金流量和籌資活動現金流量。在這裏，存在著一個怎樣界定現金流量類別的問題。

經營活動現金流量從字面上就能看出，經營活動現金流量應包括所有與經營活動有關的現金流量。然而，事實上，有一些現金流量不屬於經營活動，但也不屬於投資活動和籌資活動，這樣的現金流量也要納入經營活動現金流量的範疇。如罰款收入、接受捐贈現金收入、出售廢品的收入等，既不屬於投資活動，也不屬於籌資活動，就只能歸入經營活動現金流量。因此，經營活動的現金流量與收入的概念是不一致的，即前者大於後者的內涵。為了便於界定現金流量的分類，可以把所有不屬於投資活動、籌資活動的現金流量全部歸入經營活動現金流量。

投資活動現金流量我們這裏所說的投資活動是一個廣義的概念，也就是說，所有購建、處置非流動資產及短期證券的經濟活動都屬於投資活動，包括購建和處置固定資產、無形資產及其他資產的現金流量。

籌資活動現金流量這裏所講的籌資活動包括兩大部份，即接受投資活動和借入資金活動。因此，所有與所有者權益和融資性質有關的現金流量均屬於籌資活動現金流量。

2.按範圍要求

按範圍，我們可以把現金流量分為企業全部的現金流量和某個項目或產品的現金流量。

企業全部的現金流量企業全部的現金流量是指一定時期企業全部現金流入與流出總量。

項目現金流量項目現金流量是指一個項目從開始到結束所產生的現金流量。它主要包括三大方面，即初始現金流量（建設

期現金流量）、營業現金流量（生產期現金流量）、終結現金流量（項目結束時現金流量）。

3. 按時間要求

按時間要求，現金流量又分為過去的現金流量和未來的現金流量兩大類。

過去的現金流量過去的現金流量是指已發生的現金流量，是分析過去時期現金流入與流出品質的依據，也是判斷會計單位目前支付能力的基礎。

未來的現金流量未來的現金流量，是對尚未發生的今後一段時期現金流量所作的一種預計，可以為投資者估計投資風險提供重要資料。

三、現金流量所涵蓋的範圍

從對現金流量的理解中我們可以看出，現金流量是企業按現金收付制所反映的現金流入量、流出量和時間的總稱。從內容上看，現金流量由現金流出量、現金流入量和現金淨流量三部份構成。

現金流入就是現金收入，現金流入會使企業的現金增加，增加的數量就是現金流入量。現金流出就是現金付出，現金付出是指企業因支用等而付出的現金，現金付出會使企業的現金減少，現金減少的數量就是現金流出量。

現金流入量與現金流出量相抵後的差額就是現金淨流量。形態上，現金淨流量表現為滯留在企業內部的現金存量。假如

我們把企業作為一個池子，而把現金比作水，那麼，現金流入量就是流入這個池子的水，而現金流出量就是流出這個池子的水，而現金淨流量就是流入的水減去流出的水後池子裏增加的水。這個生動的比喻可以用圖 2-1 來表示：

圖 2-1　現金淨流量

現金流入量　→　企業現金池　現金流出量　→

不難發現，現金流呈現的是一個動態的過程，因此，對於企業來說，總是不斷有現金流入，同時又不斷有現金流出，而流入的數量可能大於流出的數量，也有可能小於流出的數量，因此，現金淨流量可能是正數也可能是負數。如果企業的現金淨流量為正數，則表示企業一定時期內現金流入數量大於現金流出數量，表明企業現金增加；如果企業的現金淨流量為負數，則表示企業一定時期內的現金流入量小於現金流出量，表明企業現金減少。如果企業的現金流入量與現金流出量相等，則現金淨流量為零，表示一定時期內企業的現金流動相對平衡。實際上，現金流動相對平衡的情況在企業中極少出現，而現金流動的不平衡性卻經常發生，這也就是我們要加強現金流量管理的初衷及必要性。

現在，我們已經知道，現金流量包括現金流出量、現金流入量和現金淨流量三個具體概念，下面我們詳細介紹現金流量的三部份內容：

1.現金流出量

現金流出量是指投資項目實施後在項目計算期內所引起的

企業現金流出的增加額，簡稱現金流出。包括建設投資、墊支的流動資金、付現成本、所得稅、其他現金流出量。

建設投資（含更改投資）是建設期發生的主要現金流出量。包括固定資產和無形資產投資。固定資產投資包括固定資產的購置成本或建造成本、運輸成本和安裝成本等。

墊支的流動資金是指投資項目建成投產後為開展正常經營活動而投放在流動資產項目的投資增加額。建設投資與墊支的流動資金合稱為項目的原始總投資。

付現成本又稱作經營成本，是指在經營期內為滿足正常生產經營而需用現金支付的成本。它是經營期內最主要的現金流出量項目。付現成本可以用下面的公式表示：

$$付現成本＝變動成本＋付現的固定成本$$
$$＝總成本－折舊額（及攤銷額）$$

所得稅額是指投資項目建成投產後，因應納稅所得額增加而增加的所得稅。

除此之外，還有其他現金流出量，主要是指不包括在以上內容中的現金流出項目。

因此，企業實施某項投資後投放在固定資產上的資金，項目建成投產後為正常經營活動而投放在流動資產上的資金，還有為使機器設備正常運轉而投入的維修費用等，都能引起企業現金支出的增加額。可見，一個方案的現金流出量，是指該方案引起的企業現金支出的增加額。

例 1：某家大型企業購置了一條生產線，通常會引起的現金流出有購置生產線的價款、生產線的維護和修理等費用和墊

支流動資金。

購置生產線的價款可能是一次性支出,也可能分幾次支出。

生產線的維護修理等費用是在該生產線的整個使用期限內,會發生保持生產能力的各種費用,它們都是由於購置生產線引起的,應列入該方案的現金流出量。

墊支流動資金是由於該生產線擴大了企業生產能力,引起對流動資產需求的增加。企業需要追加的流動資金,也是購置該生產線引起的,應引入該方案的現金流出量。只有在營業終了或出售(報廢)該生產線時才能收回這些資金,並用於別的目的。

2. 現金流入量

現金流入量是指投資項目實施後在項目計算期內所引起的企業現金收入的增加額,簡稱現金流入。包括營業收入、固定資產的餘值、回收流動資金、其他現金流入量。

營業收入是指投資項目投產後每年實現的全部營業收入。為簡化核算,假定正常經營年度內,每年發生的賒銷額與回收的應收賬款大致相等。營業收入是經營期內主要的現金流入量項目。

固定資產的餘值是指投資項目的固定資產在終結報廢清理時的殘值收入,或中途轉讓時的變價收入。

回收流動資金是指投資項目在項目終止時,收回原來投放在各種流動資產上的流動資金的投資額。固定資產的餘值和回收流動資金統稱為回收額。

其他現金流入量主要是指以上三項指標以外的現金流入量

項目。

因此，企業投資項目後，所得到的經營利潤、固定資產報廢時的殘值收入、項目結束時收回的原投入在該項目流動資產上的流動資金，以及固定資產的折舊費等，都能所引起企業現金收入的增加。由於計提的折舊費並沒發生實際的現金流出，所以視其為一項現金流入。與折舊相同，在投資時投入的無形資產和因投資而形成的長期待攤費用，其攤銷金額也相對形成企業的現金流入。可見，一個方案的現金流入量，是指該方案所引起的企業現金收入的增加額。

例 2：某企業要購置一條生產線，通常會引起下列現金流入：

企業購置生產線擴大了企業的生產能力，使企業銷售收入增加。

企業資產出售或報廢時的殘值收入，是由於當初購置該生產線引起的，應當作為投資方案的一項現金流入。

該生產線出售(或報廢)時，企業可以相應減少流動資金，收回的資金可以用於別處，因此，應將其作為該方案的一項現金流入。

3.現金淨流量

現金淨流量也叫淨現金流量，是指投資項目在一定期間現金流入量和現金流出量的差額。現金淨流量是計算長期投資決策評價指標的重要依據。

現金淨流量的理論公式為：

　　某年現金淨流量＝該年現金流入量－該年現金流出量

特別強調的是，現金淨流量是一定期間現金流入量與現金流出量的差額。這裏所說的「一定期間」，有時是指一年，有時是指投資項目持續的整個年限內。也就是說，現金淨流量既可以按一年計算，也可以按整個項目持續的年限計算。流入量大於流出量時，淨流量為正值，反之，淨流量為負值。在進行項目投資決策時，應考慮不同時期的現金淨流量，也就是要計算年現金淨流量，其計算公式為：

年現金淨流量＝年現金流入量－年現金流出量

所以，從時間上看，一個企業，從準備投資項目到項目結束，先後共經歷了項目準備及建設期、生產經營期和項目終結期三個階段。因此，從這一角度來看，現金流量可由初始現金流量、營業現金流量和終結現金流量三部份構成。

⑴初始現金流量

企業在投資時發生的現金流量叫做初始現金流量，它通常包括兩個主要部份，即投資在固定資產上的資金和投資在流動資產上的資金。其中投資在流動資產上的資金一般在項目結束時將全部收回。這部份初始現金流量不受所得稅的影響。初始現金流量通常為現金流出量，用下面的公式表示初始現金流量：

初始現金流量＝投資在流動資產上的資金＋投資在固定資產上的資金

或者：

初始現金淨流量＝固定資產投資＋墊支的流動資金

在這裏，需要給大家特別指出的是，如果投資在固定資產上的資金是以企業原有的舊設備進行投資的，在計算現金流量時，應以設備的變現價值作為其現金流出量，並且要考慮由此

而可能支付或減免的所得稅。這可以用以下公式表示：

初始現金流量＝投資在流動資產上的資金＋設備的變現價值

－（設備的變現價值－折餘價值）×所得稅稅率

⑵營業現金流量

在項目投入使用後，在其使用壽命週期內由於生產經營所帶來的現金流入和現金流出的數量就是營業現金流量。其中，現金流入是指營業現金收入，現金流出是指營業現金支出和所繳稅的稅金。

如果我們從每年現金流動的結果來看，那麼，增加的現金流入來自兩部份：一部份是利潤造成的貨幣增值；另一部份是以貨幣形式收回的折舊。其公式表示如下：

營業現金流入＝銷售收入－付現成本

＝銷售收入－（銷貨成本－折舊）

＝利潤＋折舊

或者這樣說，如果年營業收入均為現金收入，扣除折舊後的營業成本均為現金支出(這部份成本稱為付現成本,即在投資決策中需要將來支付現金的成本)，那麼，每年的營業現金淨流量就可以這樣表示：

年營業現金淨流量＝現金流入－現金流出

＝年營業現金收入－付現成本－相關稅金

＝（年營業現金收入－付現成本－折舊）×（1－

稅率）＋折舊

＝淨利＋折舊

從年營業現金淨流量這個公式中可以看出，還有一個因素

影響現金流量，那就是所得稅，而所得稅的大小取決於利潤的大小和稅率的高低，利潤的多少又受折舊方法的影響，因此，折舊是影響現金流量的又一個因素。通過觀察本公式的第三個等式，我們還可以發現，折舊具有抵稅的作用。

「折舊×稅率」稱爲折舊抵稅額。從本公式中還可以得出以下結論：

其一，如果不是由於稅收關係，折舊與現金淨流量是無關的，也就是說，當稅率爲零時，折舊可不計入現金流量；

其二，現金淨流量是隨著折舊的增加而增大的。

需要大家注意的是，在這裏，無形資產和長期待攤費用的攤銷及減值準備的計提與折舊在性質上有類似之處，因此，處理方法與折舊相同。

⑶**終結現金流量**

在投資項目終結時，所發生的現金流量叫終結現金流量。它主要包括固定資產殘值淨收入和回收原投入的流動資金。在計算終結現金流量時可有兩種處理辦法：一是將其單列爲終結點現金淨流量；二是將其視爲最後一年的營業現金淨流量。

計算終結現金淨流量時可以採用以下公式：

終結現金淨流量＝回收流動資金＋殘值或變價收入

四、現金流量的計算

爲了能對投資項目進行正確評價，必須正確計算現金流量。下面我們舉例說明現金流量的計算方法。

例 3：某公司準備購入一項設備以擴充生產能力。現在有兩個方案可以進行選擇。A 方案投資總額 1000 萬元，有效期限為 5 年，採用直線法計提折舊，5 年後無殘值。每年銷售收入 1000 萬元，付現成本 600 萬元。B 方案投資總額 1200 萬元，有效期限為 5 年，採用直線法計提折舊，5 年後殘值收入為 200 萬元。投產開始時墊付流動資金 200 萬元，結束時收回。每年銷售收入 1200 萬元，第一年付現成本 700 萬元，以後每年增加 30 萬元。假設所得稅稅率為 40%，計算兩個方案的現金流量。

接下來，讓我們一起來計算兩個方案的每年折舊額：

A 方案的每年折舊額＝1000÷5＝200(萬元)

B 方案的每年折舊額＝(1200－200)÷5＝200(萬元)

以下我們用表 2-1 和表 2-2 計算 A、B 方案的營業現金流量和全部現金流量。

表 2-1　投資項目的營業現金流量的計算表

單位：萬元

方案＼年度	第一年	第二年	第三年	第四年	第五年
A方案					
銷售收入①	1000	1000	1000	1000	1000
付現成本②	600	600	600	600	600
折舊③	200	200	200	200	200
稅前利潤④＝①－②－③	200	200	200	200	200
所得稅⑤＝④×40%	80	80	80	80	80
稅後淨利⑥＝④－⑤	120	120	120	120	120
現金流量⑦＝③＋⑥	320	320	320	320	320

續表

B方案					
銷售收入①	1200	1200	1200	1200	1200
付現成本②	700	730	760	790	820
折舊③	200	200	200	200	200
稅前利潤④＝①－②－③	300	270	240	210	180
所得稅⑤＝④×40%	120	108	96	84	72
稅後淨利⑥＝④－⑤	180	162	144	126	108
現金流量⑦＝③＋⑥	380	362	344	326	308

表 2-2　投資項目現金流量計算表

單位：萬元

方案 ＼ 年度	第零年	第一年	第二年	第三年	第四年	第五年
A方案						
固定資產投資	-1000					
營業現金流量		320	320	320	320	320
現金流量合計	-1000	320	320	320	320	320
B方案						
固定資產投資	1200					
流動資產投資	-200					
營業現金流量		380	362	344	326	308
固定資產殘值						200
流動資金回收						200
現金流量合計	-1400	380	362	344	326	708

第三節 （案例）如何解決資金來源

一、公司簡介

克拉克森木材公司由克拉克森先生及其姐夫霍茲先生於 1981 年成立。1994 年，克拉克森先生花 20 萬美元買下霍茲先生的股份。為了讓克拉克森先生有時間籌資，霍茲先生先收取了一份 20 萬美元的票據，它將於 1995 年和 1996 年分期支付。票據的利息率是 11%，從 1995 年 6 月 30 日開始每半年支付利息 5 萬美元。

克拉克森木材公司位於西北太平洋地區的一座大城市的郊區，擁有一片鄰近鐵路的土地，其上有 4 棟存放貨物的建築。公司的經營活動僅限於在當地用火車運送木材製品，其主要產品包括夾板模具、百葉窗和門。顧客通常可以得到數量折扣和往來帳戶上 30 天的信用期。

銷售量主要建立在成功的價格競爭基礎上，而價格則通過嚴格地控制經營費用和以極大的折扣大批量購進原材料兩方面來降低。銷售產品中的大部份是用於修理工作的，大約 55%的銷售發生在 4 月～9 月。

克拉克森良好的判斷力、努力地工作和良好的品行，使他的公司獲得良好聲譽。其公司銷售額很高，而且穩健經營，這一點吸引了銀行。銀行的信貸解決了克拉克森木材公司暫時的

資金困難。

二、案例

繼近幾年業務快速發展之後，1996 年春，克拉克森木材公司希望其銷售額有一個更大的突破，儘管利潤不錯，該公司仍然經歷了現金短缺的困難，並且發現公司有必要在 1996 年春將鄉村國民銀行的貸款增加到 39.9 萬美元，而鄉村國民銀行的最高貸款額是 40 萬美元。因此克拉克森公司要取得這樣一筆貸款就必須嚴重地依賴其商業信用。此外，該銀行還要求克拉克森先生以個人的信譽來做擔保。作爲克拉克森木材公司的唯一所有者和總經理，凱什·克拉克森先生希望能另外找到一個貸款供應者，從而得到一筆更大的貸款卻無需以個人信譽來擔保。

最近，克拉克森先生認識了一個更大的銀行——西北國民銀行裏的一名官員，傑克遜先生。他們倆嘗試著討論了一下西北國民銀行貸給克拉克森公司一筆高達 75 萬美元的借款的可能性。克拉克森先生認爲，這樣一筆貸款將使他能充分利用商業折扣的好處，從而提高公司獲利能力。討論之後，傑克遜先生安排銀行信用部門對克拉克森先生及其公司做了一番調查。

作爲對潛在借款人例行調查的一部份，西北國民銀行也向與克拉克森先生有業務往來的一些企業發放了調查表。

銀行特別注意到企業的負債狀況和流動比率。據報告，公司產品的未來市場和銷售預期都很樂觀，銀行的調查報告說：「銷售額有望於 1996 年達到 550 萬美元；如果近期木材價格上漲，銷售額更會超過這一水準。」另一方面，大家也認識到一場普遍的經濟衰退也可能減小銷售額的增長率。但是，由於公

司的大部份業務是修理所用材料，故銷售額也可能因新建房屋的下降而得到某種程度的保障。1996 年後的計劃很難決定，但在可預見的將來，公司業務量的持續增長還是很有希望的。

銀行同時提到克拉克森公司應付賬款和票據在近幾年，尤其是 1995 年和 1996 年春的快速增長。通常商業購買的信用情況爲 10 天內付款折扣率爲 2%，30 天付款折扣率爲 0，但供應商一般也不會反對付款稍稍遲一點。近 2 年內，克拉克森先生由於要支付給霍茲先生的費用和增加營運資金，很少能取得購貨的現金折扣。而 1996 年春當克拉克森先生盡力要將鄉村國民銀行的貸款控制在 40 萬美元時，公司的商業信用已嚴重超支了。

傑克遜先生與克拉克森先生試著討論的是一筆不超過 75 萬美元、循環式、有擔保的 90 天借款，其特定細節還未確定，但傑克遜先生指出：合約中將包括針對這項貸款的一些標準保護條款。例如對公司其他借款的限制，公司營運資金淨額必須保持在銀行允許的水準，對固定資產追加投資必須先得到銀行的同意，克拉克森先生從企業撤資的行爲也要受銀行限制，等等。貸款利率是在基準利率的基礎上加 2.5% 的浮動利率。傑克遜先生說公司最終支付的利率約爲 11%。另外，兩人都很清楚：一旦克拉克森先生與西北國民銀行簽訂了借款合約，他與鄉村國民銀行的關係就將會破裂。

第 *3* 章

你要掌握資金動向

第一節　掌握資金的流動與運用

一、何謂資金的流動與運用

　　大家都知道，用以表示公司業績的財務報表包括損益表及資產負債表。損益表顯示的是在某特定期間的業績，而資產負債表則為顯示特定時日的業績。也就是說，損益表是以動態來表示公司的業績，而資產負債表則是以靜態來表示。

　　公司的業績原本就是依據資金的流動情形來計算，因此業績與資金的關係可說是相輔相成的。換句話說，資金也有從固定數字或從流動觀點來掌握某段期間內移動情形的報表，那就是「資金運用表」及「資金異動表」。

　　資金運用表是藉由某段期間資產負債表之間的比較，從調度面和運用面來表達該段期間資金的活動。而資金異動表則是根據顯示某段期間經營成績的損益表，及期初與期末的資產負債表，將該段期間的資金流向，採總收入與總支出的方式製作。

二、B/S 與「資金運用表」的關係

　　接下來，讓我們看看，表示資金靜態的資產負債表與「資金運用表」之間關係的具體例子。請參照表 3-1。

表 3-1　資金的運用與流動之間的關係

資金狀況	4 月 1 日	4 月 1 日～4 月 30 日的狀況	
資金狀態表現	1 億元	收入 4000 萬元	1.1 億元
		支出 3000 萬元	
資金的運用狀態（資金運用表）	4 月 30 日(月末)－4 月 1 日(月初)		
	1.1 億元(運用)－1 億(調度)＝1000 萬元		
資金的流動狀態（資金異動表）	4 月 1 日～4 月 30 日(1 個月期間)		
	4000 萬元(收入)－3000 萬元(支出)＝1000 萬元		

　　比較 A 股份有限公司上月與本月的資產負債表之後，並計算其差額得出以下結果：

　　1.由於流動負債增加，因而調來的 2300 萬元，系運用在流動資產上。

　　2.從資本等利益調來的 1000 萬元，系運用在流動資產上。

3.固定資產中建築物的折舊費用 100 萬元，系運用在流動資產上。

像這樣將某一時段與另一時段的資產負債表加以比較並計算差額，即可從某一時段的多餘資金（即手邊現有的資金）之中，分析該期間的資金調度及運用情況。

三、B/S、P/L 與「資金異動表」的關係

接下來，就讓我們計算從 4 月 1 日到 4 月 30 日一個月間的資金收支情況；即一個月份資金的流動情形。請參照圖 3-1。

①上個月的現金存款有 1300 萬元。

②本月的營業收入為 7800 萬元。

③本月的費用支出為 9500 萬元，因而得知本月的收入與支出的差額為 1700 萬元，即資金不足 1700 萬元。

④借款進帳 2000 萬元。

⑤本月現金存款餘額為 1600 萬元。

像這樣利用損益表上的收支來調整資金的庫存量，即可計算出一個月的總收支。能夠用以掌握某一段時間資金流動情形的表格，我們就稱為「資金異動表」。

圖 3-1 一定期間的 B/S 比較，觀察資金的運用與調度情形

資產	前月	本月	差額	資產	前月	本月	差額
流動資產	57000	91000	34000	流動負債	41000	64000	23000
（現金、存款）	(13000)	(16000)	(3000)	（應付債務）	(41000)	(44000)	(3000)
（應收債權）	(26000)	(48000)	(22000)	（借款）	(0)	(20000)	(20000)
（存貨）	(18000)	(27000)	(9000)	資本	50000	60000	10000
固定資產	34000	33000	△1000	（資本金）	(30000)	(30000)	(0)
（建築物）	(24000)	(23000)	(△1000)	（準備金）	(20000)	(20000)	(0)
（土地）	(10000)	(10000)	(0)	（盈餘）	(0)	(10000)	(10000)
合計	91000	124000	33000	合計	91000	124000	33000

圖(1) A公司的 B/S

整理出資金運用及調度之明細

圖(2) 資金運用表

（自××年4月1日至××年4月30日）

1. 運轉賣金的部份
   (1) 應付債務的增加　　3000
   (2) 應收債權的增加　△22000
   (3) 存貨增加　　　　△ 9000
   (4) 資金不足　　　　△28000 ①
2. 設備資金的部份　　　　0
3. 決算資金的部份　　　10000
   (1) 本月利益　　　　 1000
   (2) 非資金費用　　　11000 ②
   　（折舊費）
4. 財務資金的部份
   (1) 借款增加　　　　20000
   (2) 現金、存款增加　 3000 ①＋②＋③

圖(3) 資金的運用

圖(3)A 流動資產

科目	前月	本月	差額
現金、存款	13000	16000	3000
應收票據	14000	23000	9000
應收帳款	12000	25000	13000
商品	18000	27000	9000
合計	57000	91000	34000

圖(3)B 固定資產

科目	前月	本月	差額
建築物	24000	23000	△1000
土地	10000	10000	0
合計	34000	33000	△1000

圖(4) 資金的調度

圖(4)A 流動負債

科目	前月	本月	差額
應付票據	20000	21000	1000
應付賬款	21000	23000	2000
借款	0	20000	20000
合計	41000	64000	23000

圖(4)B 資本等

科目	前月	本月	差額
資本金	30000	30000	0
準備金	20000	20000	0
盈餘	0	10000	10000
合計	50000	60000	10000

圖 3-2　從 B/S、P/L 來計算收支

圖(1)　A 公司的 B/S							
資產	前月	本月	差額	資產	前月	本月	差額
流動資產	57000	91000	34000	流動負債	41000	64000	23000
(現金、存款)	(13000)	(16000)	(3000)	(應付債務)	(41000)	(44000)	(3000)
(應收債權)	(26000)	(48000)	(22000)	(借款)	(0)	(20000)	(20000)
(存貨)	(18000)	(27000)	(9000)	資本	50000	60000	10000
固定資產	34000	33000	△1000	(資本金)	(30000)	(30000)	(0)
(建築物)	(24000)	(23000)	(△1000)	(準備金)	(20000)	(20000)	(0)
(土地)	(10000)	(10000)	(0)	(盈餘)	(0)	(10000)	(10000)
合計	91000	124000	33000	合計	91000	124000	33000

圖(3)　資金異動表（資金的流向）
（自××年4月1日至××年4月30日）

		13000	①
	前月現金存數	13000	①
收入	營業額	100000	②
	前月應收債權	26000	③
	本月應收債權	△48000	④
	銷貨收入	78000	⑤=②+③-④
支出	銷貨成本	70000	⑥
	經費	20000	⑦
	前月應付債務	41000	⑧
	本月存貨	27000	⑨
	本月應付債務	△44000	⑩
	前月存貨	△18000	
	非資金費用	△1000	
	費用支出	95000	=⑥+⑦+⑧+⑨

=⑥+⑦+⑧+⑨
−⑩− −

圖(2)　P/L	
科目	金額
銷貨收入	100000
銷貨成本	70000
(月初商品)	(18000)
(本月進貨)	(79000)
(月末商品)	(27000)
銷貨毛利	30000
經費	20000
本月盈餘	10000

當月折舊費建築物 1000
除了折舊費，所有經費皆以現金支出
銷貨與進貨之貨款，皆采賒帳方式

借款	20000
本月現金存款	16000

=①+⑤− +

第二節　審核公司內部之財務體質

一、首先要確實掌握現況

　　想開始做任何一件事之前，一定都是從瞭解現況開始。公司內部的資金問題亦如此。若要掌握現況，首先必須備妥資產負債表，然後將「總資本」視為百分之百，如表 3-2 計算出各項百分比。在這裏，就以 A 公司為例，診斷該公司的財務體質。

表 3-2　百分比資產負債表

公司名稱　　　　　　　　　　　　　　　××年 3 月 31 日現在

100%		手邊現有流動資金	借入資本 66.9%	流動負債 54.5%	應付債務 31.3%
90%	運轉資金 76.3%	18.3%			短期借款 19.9%
80%		應收債權 30.6%			其他 4.5%
70%				固定負債 12.4%	公司債 2.2%
60%		存貨資產 20.6%			長期借款 9.0%
50%					其他 1.2%
40%		其他 6.8%	自有資本 33.1%	股東繳納之股款 21.0%	
30%	固定資金 23.7%	有形固定資產 3.3%			
20%		無形固定資產 3.0%		保留盈餘 12.1%	
10%		投資等 17.4%			

二、從 B/S 的右側開始審核三個問題點

要審核公司的財務體質，必須從資產負債表的右側看起。

圖 3-3　A 公司資產負債表的要點

（××年3月31日現在）　　（單位：百萬元）

科目	金額	科目	金額
（資產部份）		（負債部份）	
流動資產	44059	流動負債	31494
現金存款	10549	應付票據	14910
應收票據	5230	應付帳款	2492
應收帳款	12458	短期借款	11514
存貨資產	11914	未付費用	1187
其　他	4104	其　他	1389
備抵呆帳	△197	固定負債	7138
固定資產	13545	公司債	1300
有形固定資產	1883	長期借款	5202
建築物	1056	其　他	635
土　地	171	負債合計	38633
其　他	656		
無形固定資產	1710	（資本部份）	
投資　等	9951	資本金	4855
投資有價證券	5885	法定公積	7272
其　他	4075	保留盈餘	6964
備抵呆帳	△9	（本期利益）	(837)
遞延資產	120	資本合計	19092
資產合計	57725	負債·資本合計	57725

運轉資金／固定資金（左側標示）　借入資本／自有資金／總資本（右側標示）

・營業額　　　　58264 百萬元
・營業額月平均　　4855 百萬元

1. 自有資本與借入資本的比率

首先要注意自有資本在總資本中所佔的比率，亦即「自有資本比率」。以 A 公司爲例，其自有資本比率爲 33.1%，也就是說，調度 1000 萬的資金，其中有 331 萬是自有資本。一般的中小企業因業種而有不同，但大都以超過 30%爲目標；事實上，自有資本比率超過 50%者，就可稱爲財務體質優良的公司了。

2. 自有資本中的保留盈餘

保留盈餘愈多的公司就是愈賺錢的公司。以 A 公司爲例，由股東募集而來的股款爲資本金 48.55 億元，法定公積爲 72.72億元，合計 121.27 億元。保留盈餘爲 69.64 億元，故較資本金與法定公積的合計爲少，不妨再增加一些保留盈餘的比率爲佳。

3. 借入資本中的借款情形

借款可分爲短期借款和長期借款兩種，短期借款是爲週轉資金而借，長期借款則是爲固定資金而借，用途各不相同。此時要注意的是，借款總額可達相當於多少月份的營業額，這就叫「借款依存度」。

借款依存度＝借款額÷［營業額月平均（年度營業額/12）］

借款依存度依業種及業況而有所不同，但一般而言超過 3個月就要特別注意，超過 5 個月則表示借款過多，有問題。

A 公司的短期借款有 115.14 億元，長期借款有 52.2 億元，借款總額爲 167.16 億元：而營業額爲 582.64 億元，月平均爲48.55 億元，故借款依存爲 3～4 個月。另外，若再加上公司債來計算「有息負債依存度」，有息負債總額爲 180.16 億元，故該項依存度爲 3～7 個月，稍微有些過度依賴外部資金的現象。

　　如此一來，就可藉由資產負債表右側的資金調度情形，掌握財務體質的問題點了。這裏尤為重要的，就是自有資本比率及借款依存度。

圖 3-4　從 B/S 的右側掌握問題點

A 公司資產負債表的要點

（××年3月31日現在）　　（單位：百萬元）

科目	金額	科目	金額
（資產部份）		（負債部份）	
流動資產	44059	流動負債	31494
現金存款	10549	應付票據	14910
應收票據	5230	應付帳款	2492
應收帳款	12458	短期借款	11514
存貨資產	11914	未付費用	1187
其　　他	4104	其　　他	1389
備抵呆帳	△197	固定負債	7138
固定資產	13545	公司債	1300
有形固定資產	1883	長期借款	5202
建築物	1056	其他	635
土　　地	171	負債合計	38633
其　　他	656		
無形固定資產	1710	（資本部份）	
投　資　等	9951	資本金	4855
投資有價證券	5885	法定公積	7272
其他	4075	保留盈餘	6964
備抵呆帳	△9	（本期利益）	(837)
遞延資產	120	資本合計	19092
資產合計	57725	負債·資本合計	57725

1.自有資本比率？→31.3% ◄
2.自有資本內容？→股東繳納的股款比保留盈餘還多 ◄
3.借款依存度？　→3、4個月 ◄

三、從 B/S 的左側來討論三項重要課題

接下來要看的是資產負債表的左側，左側所表示的是資金的運用情形。

1.運轉資金與固定資金的比率

首先要從運轉資金與固定資金之比例的多寡來決定「資金形態」。一般而言，買賣業、建築業等行業是屬於運轉資金較多的資金形態；旅館業、運輸事業等行業，則是屬於固定資金較多的資金形態。先掌握自己公司的資金形態，就可進而找出管理資金的方法。

如果是屬於運轉資金較多的公司，則須注意以下幾點：

⑴手頭資金有無任意揮霍的情形？

⑵是否有過度縮減必需經費的情形？

⑶貨款回收期間是否無法掌握？

⑷是否有不當庫存？

另外，屬於固定資金較多的公司則需注意以下幾點：

⑴是否有過度投資設備的情形？

⑵是否有過多的閒置資產？

⑶設備投資的效率是否難以控制？

⑷對關係企業是否有不當投資？等等。

2.運轉資金（流動資產）的內容

我們知道運轉資金包括手邊現有的流動資金、應收債權、存貨，以及其他的流動資產。

圖 3-5 從 B/S 的左側掌握問題點

A 公司資產負債表的要點

(××年3月31日現在)　　　　　(單位：百萬元)

科目	金額	科目	金額
（資產部份）		（負債部份）	
流動資產	44059	流動負債	31494
現金存款	10549	應付票據	14910
●應收票據	5230	應付帳款	2492
●應收帳款	12458	短期借款	11514
●存貨資產	11914	未付費用	1187
其　　他	4104	其　　他	1389
備抵呆帳	△197	固定負債	7138
●固定資產	13545	公司債	1300
有形固定資產	1883	長期借款	5202
建築物	1056	其他	635
土　地	171	負債合計	38633
其　他	656		
無形固定資產	1710	（資本部份）	
投　資　等	9951	資本金	4855
投資有價證券	5885	法定公積	7272
其他	4075	保留盈餘	6964
備抵呆帳	△9	（本期利益）	(837)
遞延資產	120	資本合計	19092
資產合計	57725	負債·資本合計	57725

➤ 1.應收債權的回收期間？ → 3.6 個月
➤ 2.存貨的週轉期間？　　 → 2.4 個月
➤ 3.固定比率？　　　　　 → 70.9%

接下來，我們就要計算這些科目各有多少資金，各佔多少運用比率，以及各自相當於幾個月份的營業額（即週轉期間為幾個月）等內容。

(1)手邊現有的流動資金

週轉期間若超過 2 個月，則代表手邊資金充裕。但其中若

含有高比例的有價證券，而該有價證券的資金來源是從借款而來，那就必須嚴加注意了。

⑵應收債權的週轉期間

這裏指的期間乃表示至債權回收爲止的日數，所以超過 3 個月以上就要注意，超過 5 個月問題就嚴重了。另外，由於這段期間是表示未回收的期間，因此一些未到期的貼現票據也要記得算進去。

以 A 公司爲例，應收票據 52.3 億元，應收帳款 124.58 億元，故應收債權總額爲 176.88 億元，則應收債權週轉期間爲 3～6 個月。

⑶存貨週轉期間

這是表示存貨可供幾個月份的營業額使用之數字，故若時間太長，則表示有太多運轉資金浪費在購買下必要的存貨上，同時還意味多花了無謂的倉管費用。

A 公司的情況爲：存貨有 119.14 億元，存貨的週轉期間爲 2～4 個月。週轉期間的長短會因業種而不同，但一般以 30 天左右爲最恰當，故 A 公司似乎長了些。

3.固定資金（固定資產）的內容

在這裏，要掌握的是固定資金使用於設備投資（有形固定資產）、智慧財產權（無形固定資產）、對關係企業的投資（各項投資等）上的資金各有多少？各佔多少比率？然後再計算運用於固定資產的資金有多少是來自自有資本？這就是所謂的「固定比率」。

$$固定比率＝固定資產÷自有資本×100\%$$

這項比率若在百分之百以下，則表示固定資金完全靠自有資本來供應，可說是「以自有資本經營」的優良企業。

以 A 公司的情況來看，固定資產為 135.45 億元，自有資本為 190.92 億元，所以固定比率為 70.9%，也就是說，有大約 30% 是利用運轉資金來週轉。

從以上幾點得知，若要從資金的運用狀況來掌握財務體質，最重要的就是留意應收債權的回收期間、存貨的週轉期間以及固定比率三項課題。

第三節　從何處調度資金

一、發展關鍵在於運用「自有資本」來推動業務

要讓一家公司成長，首先必須懂得如何調度資金。資金調度的途徑有二：一為自有資本；二為借入資本。從自有資本中調度資金的方法有以下二種方法：

1.股東繳納的股款

自有資本的基本來源就是來自股東所繳納的股款。這也可以區分成兩部份：

⑴資本金

即公司營運的本錢，分配股利時，即按照各股東所繳納的股票面額比率進行分配。

⑵資本公積

唯有在公司增資、減資或合併時才會發生。而一般所稱的溢價額則是指超過股票面額發行股票所得之金額，此項金額亦可累積成資本公積。

在泡沫經濟時代裏，有許多公司頻頻以時價發行股票，因此有許多溢價部份可供調度，對增加自有資本有很大的幫助。

另外，有關股票的發行在此無法詳述，但亦有發行無面額股票或是以無償增資、轉換公司債等特殊方法來籌股者，故須特別留意。

2.由內部資金來調度資金

由內部資金來調度所需資金對公司而言，是一項很重要的籌措途徑。

⑴保留盈餘

系指公司所得利益扣除稅金、紅利、董監事酬勞之後所剩之盈餘。

⑵非資金費用

折舊費用、退休金準備等編列額在會計中雖列為費用，並從利益中掃除，但實際上並沒有現金支出，故將這些費用稱之為「非資金費用」。廣義而言，這些費用亦可視為自有資金的一部份。

保留盈餘及非資金費用系屬流動資金的一種，亦屬自有資金的一種。雖同屬流動資金，但由於折舊費系指對於「已投資於機器設備之資金」的回收資金，所以事業若要持續經營，勢必在不久的將來會再投下資金更換機器設備。因此，保留盈餘

是一項可自由運用的資金，至於非資金費用之運用，則會受到限制。

由於保留盈餘是每天利益的累積，因此若以保留盈餘來調度資金，則無法一次調度到許多資金。不過，要想發展公司業務，首先還是要從盈餘裏獲得自有資金才行。

二、由借入資本來調度資金的優缺點

資金調度的另一種方法就是由借入資本來調度，這種調度方式有以下三種：

1.自金融機構借款

和從自有資本中調度資金不同的是，由於是向銀行等處借來的資金，所以當然有還款的必要，同時也必須支付利息。

但是，和發行公司債不同的優點是手續簡便、借款期間與金額可視實際需要隨時調整。常用的借款方式有票據貼現、本票借款、透支、借據借款等。

2.發行公司債

這是公司借著公司債的發行向不特定的多數人調度資金的一種調度方式。實際上，一般中小企業不得發行，但中型企業以上的公司即可藉由此種方法調度資金，不失為一種好處多多的調度方式。

尤其是在泡沫經濟時代裏，就有許多上市公司利用轉換公司債及發行附新股繼承權公司債等方法來調度資金。

3.利用企業之間的信用關係

所謂信用往來，可從兩方面來看：若從進貨面來看，由於是延後支付貨款，因此屬於調度資金；若從銷貨面來看，由於延遲回收貨款，因此受到影響的是資金的運用。

換句話說，進貨時產生的是應付帳款與應付票據等「應付債務」，所以針對這些債務延後付款可以延後調度資金的時間；而銷貨所產生的是應收帳款、應收票據等「應收債權」，所以針對這些債權延後回收，將會導致資金回收時間延後，影響資金的運用。

表 3-3　各種資金調度方式

資金的調度	自有資本	1.股款
		2.保留盈餘（非資金性費用）
	借入資本	1.企業間信用關係（應付帳款・應付票據）
		2.來自金融機構等之借款
		3.發行公司債

心得欄 _____

_____

_____

_____

_____

_____

第四節　如何有效運用資金

一、以固定資金作為公司的發展基金

　　向自有資本或借入資本調度來的資金，通常都是運用於以增加公司更多資金為目的之各種投資上。舉例來說，調入的資金可用於投資辦公室及廠房等機器設備。只要是運用長期性的固定資金，資產負債表上就將之列為有形固定資產。

圖 3-6　固定（長期）資金的運用方法

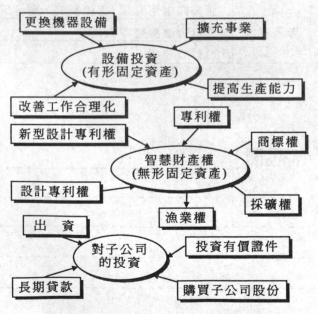

　　一家公司要想持續發展事業，就必須投資許多的設備。一般而言，設備的投資會長期關係著公司的事業結構，甚至限制公司的營運活動，因此資金來源必須是不需調度成本的自有資本，或短期間沒有還款麻煩的長期借款及公司債等固定負債。畢竟花上千萬、甚至上億的投資，這種顧慮也不足為奇。

　　這類大額投資的目的也各不相同，主要有以下幾種：

1.投資於更換機器設備

為更換老舊不堪之機器設備所需的投資。

2.投資於擴充事業

為開發新產品、新技術、擴充銷售部門而新設分公司、營業所等，或者是事業多角化經營所需的投資。

3.投資於提高生產能力

從事擴充生產能力及提高生產性能的投資，例如生產自動化、機器人化等。

4.投資於改善工作合理化

這是指以工作合理化、省力化為目的之投資，例如利用電腦開發系統程序配合 FA(工廠自動化)及 OA(辦公室自動化)等。

　　此外，會用到的固定資金還有一些所謂的智慧財產權，如專利權、商標權之類的工業所有權及營業權、著作權等，這些權利在資產負債表上都列在無形固定資產之中。

　　另外，還有對於公司或關係企業的投資，例如有價證券就有用手邊現有的流動資金購買一時擁有的有價證券，這也算是一種短期週轉資金的運用。

　　有價證券，是指為加強與往來客戶間的關係而做的長期性

投資。特別是對關係企業持股比例大，以及有帳務合併決算對象的公司而言，有價證券是一項很重要、金額也很龐大的投資。

二、週轉資金只可供應經常性需求

週轉資金是在短期內可以週轉的資金，而且是日常業務管理上所必須運用的資金。至於週轉資金主要的運用形態，則有以下幾種：

1. 手邊現有的流動資金

系指已經調度而尚未使用的資金，或原本就有的剩餘資金。一般而言，它包括有現金、存款、短期間持有的有價證券等。必須注意的是：股票、公司債等都是為理財而持有的有價證券。眾所皆知，當泡沫經濟崩潰，時價一旦低於購入價格時，實質利益必定會減少，這就是所謂有價證券的再評價。

2. 應收債權的運用

現今的社會是以信用交易做為基礎，故無法將營業額完全以現金回收，因而會有應收帳款及應收票據等未收金額的發生。營業額即使增加，一日一應收債權增多，而資金週轉情況不佳，就可能有「黑字倒閉」的危險，故應收債權的回收期間也必須加以留意。因此，以信用交易為基礎增加銷售額的同時，也必須詳加管理以防應收債權過度擴大。

3. 對於存貨的投資

製造業裏所謂的存貨系指原材料、半成品、產品等而言，而買賣業所謂的存貨，指的則是商品。

圖 3-7　運轉（短期）資金的運用方法

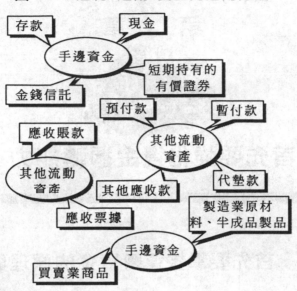

　　一般的存貨管理通常是著重在缺貨及不良率的管理，但現在要重視的則是只在有需要時才購入所需的對象：亦即所謂 JUST IN TIME 的觀念。因爲當手邊握有不需要的材料及賣不出去的商品時，對資金的週轉及管理存貨所需的花費而言是一種浪費，所以盡可能朝零庫存經營的方向努力。

　　除了以上幾點之外，還有暫付款、代墊款、其他應收款、預付款等其他流動資產可供短期運轉資金使用。

第 **4** 章

首先要強化資金週轉能力

第一節　首先要掌握運轉資金的原理與原則

一、資金的定義

運轉資金的定義，因使用者立場之不同而有不同的解釋，一般而言有三種說法：

(1)廣義地說，系指流動資產與流動負債的全部範圍；也就是所有的短期資金。

(2)流動資產扣除流動負債之後的淨值運轉資金。

(3)現金、存款、一時擁有而可立刻變現的資產等，即總稱為手邊現有流動資金者。

以上這些定義不同，使用方式也有所不同，茲區別如下：

1.運轉資金

全部的流動資產加上全部的流動負債，總稱為運轉資金。也就是說，所謂的運轉資金，就是指一年以內可以現金化的所有短期資金。

2.差額運轉資金

是流動資產與流動負債的差額，也就是指運轉資金的不足部份或是剩餘部份（流動負債大於流動資產時，才會有運轉資金的需要）。

3.淨值運轉資金

是在公司的營業活動中，真正實際需要的運轉資金。即指運用面上的應收債權、存貨與調度面上的應付債務之間的差額。公司在考慮運轉資金時，此差額是經營上運轉資金的重點所在。

運轉資金的範圍可從各式各樣的使用面來探討，但絕不可只就資金調度的眼光來看待資金調度問題。重要的是，將「人、物、金錢」同被視為經營資源之一的「金錢」，在經營觀點上考慮如何管理這些「金錢」。換句話說，我們必須要用經營的眼光來掌握這些運轉資金。

二、資金運轉的五項原則

只知道計算利益而不知如何計算資金的人到處可見。實際上，在運轉資金方面有幾項原則可循，只要能掌握這些原則，運轉資金的調度和運用就會輕鬆多了。

運轉資金與固定資金不同，它是通過日常營業活動來管理的。所以，要想徹底瞭解運轉的種種，就必須先掌握日常的管理原則。管理原則大致可區分爲下列五種：

1. 第一個原則

盈餘可使資金增加，增加的金額與盈餘的金額一致；反之，虧損會使資金減少，減少的金額也與虧損的金額一致。

舉個簡單的例子，現金購入 10 萬元的商品，以現金 15 萬元賣出，則資金調度表的內容爲：收入＝15 萬元、支出＝10 萬元、手頭現金＝5 萬元；損益表的內容爲：收益＝15 萬元、費用＝10 萬元、利益＝5 萬元，所以利益 5 萬元也就是手頭上留有的現金 5 萬元。換句話說，資金調度表與損益表的金額一致。

2. 第二個原則

伴隨支出所產生的非資金費用金額，可使資金增多。

費用中的折舊費用與退休金準備雖列爲當期費用，但實際上在該期並無現金支出的發生，所以這類費用與資金調度表及損益表的關係，可採下列計算公式表示。

將利益與非資金費用歸納在現金流入(現金盈餘)裏的情形已提過了。若要投資設備可運用這些現金；若不做設備投資，則將這些現金留在手邊，可供其他運轉之用。

3. 第三個原則

應收債權(應收帳款、應收票據)增加會導致資金減少，所減少的金額即爲應收債權增加的金額。應收債權減少時則反之。

接下來，讓我們探討「應收帳款」與「應收票據」之不同。

應收帳款與應收票據對資金需求的影響是相同的，但票據方面尚可做以下幾點融通之用。

⑴票據到期即可變為可用資金

票據和應收帳款不同的是，票據上清楚載有付款日期。應收票據受到票據法的保障，所以只要不發生退票，在法律上較應收帳款更能保護債權。

⑵票據可以背書轉讓

購買商品或材料時，可以不必開立自己公司的票據，而利用往來客戶所開立的票據，在其背後簽名蓋章，藉以支付貨款。這就叫做票據的「背書轉讓」。

⑶票據貼現

將收到的票據拿到金融機構去做擔保，並請求融資。但此時需支付至票據到期日為止的利息，這種利息我們稱之為貼現息，這種行為即所謂的票據貼現。

4. 第四個原則

商品、原材料、半成品、產品等之存貨會消耗資金，所消耗的金額即存貨的增加金額。反之，存貨減少可增加資金，所增加的金額額亦與存貨的減少金額相同。

做生意不可能在商品全部賣完之後才進貨，因此一定會準備定量的存貨，以便隨時提供客戶需求。這麼一來，就需有購買這些存貨的運轉資金，所以有人說：「存貨就是金錢。」其原因就在比。

5. 第五個原則

應付債務（應付帳款、應付票據）的增加，會使可用資金增

加，所增加的金額和應付債務增加的金額一致。相同地，應付債務減少，會使可用資金減少，其減少金額即為應付債務的減少金額。亦即，應付帳款和應付票據增加可使資金運轉更充裕。

如果單就自己公司情況來考慮的話，一旦發現運轉資金有不足現象時，就將過去用現金購買的東西改成賒帳方式購買；或將應付票據的支付期間延長，借著應付債務的調整來增加資金週轉的空間。但是，實際上的生意往來大都是依客戶的立場及商業習慣等來決定付款方式，故需多加注意。如果一味延長支付期間，不僅失信於對方，還可能被人懷疑資金調度發生困難，甚或導致公司即將倒閉的傳言，故需於事前謹慎思考才行。

三、造成運轉資金困難的主要因素

運轉資金的管理原則，可劃分成三個區段：

1.流動資金區段

利益(盈餘)與非資金費用。

2.流動資產區段

應收帳款、應收票據、存貨、其他流動資產。

3.流動負債區段

應付帳款、應付票據、未付費用等。

接下來，更進一步整理出能夠輕鬆運轉資金的主要因素，以及造成運轉資金困難的主要原因，得知以下結論：

⑴輕鬆運轉資金的主要因素

• 利益的增加

- 非資金費用的增加
- 應付帳款的增加
- 應付票據的增加
- 應付款、應付費用、預收款等的增加

⑵導致運轉資金困難的主要因素

- 虧損的增加
- 應收帳款的增加
- 應收票據的增加
- 存貨的增加
- 應收款、預付款、預付費用的增加

第二節　　輕鬆週轉資金的五項法則

一、想盡辦法殺價，倒不如想辦法採取「現金買賣」

　　每天都有現金收入的買賣最能使資金運用自如，因為如果買賣全部都是以現金交易，在考慮週轉資金時，只要注意存貨就行了。

　　舉例來說，一般的百貨公司及超級市場等，所得為現金收入，而支出為應付帳款及應付票據，運轉資金自然充裕，這類型的公司就稱得上是週轉資金輕鬆愉快的公司了。

　　在一般情況中，信用往來是經濟社會的基礎，所以只要公

司的營業額增加，就可達到促進經濟活絡的效果。

話說回來，營業額增加隨之也會帶來應收債權的增加，如此一來，不僅可能導致資金週轉不靈，更有產生呆帳的可能。

再說，不論是以現金賣出或是採賒帳賣出，賣價大都沒有差別，所以常有人將收到的票據貼現作為支付貨款的工具。

每一種業界都會有其各自的商業習慣和往來方式，所以要將所有應收交易方式改為現金交易方式是不可能的。

但是，至少對所有的往來條件都要有強烈的「付利（有息）意識」，無論是要求降價還是票據貼現，對公司而言，還是以現金交易最為有利，所以最好還是儘量交涉能以現金交易的往來方式為佳。

二、交易條件最好以「契約書」等方式明文規定

如果和每家各戶的交易條件都清清楚楚，而客戶也都每月按時付款，做起生意來就輕鬆愉快，但實際上並非如此。

買方通常都比賣方強勢，所以商品若有瑕疵，而賣方又想在當月多賣出一些的話，就可能會放寬交易條件，或許讓買方分期付款；或許採取降價方式；或是在不修改付款條件的情況下照常出貨，讓對方隨意改採分期付款的方式，導致請款金額與回收金額之間產生差異的情況陸續發生。

這樣一來，一部份的應收帳款就會愈積愈多，到最後，甚至連應收帳款的內容也變得不清不楚了。

更嚴重的話，還會遇到有些公司不論你二次、三次請款都

不聞不問，他就是不肯付款。因此，「付款條件」事先若未詳細規定，在回收應收帳款時，就很容易發生糾紛。為了避免這些糾紛出現，就必須在開始往來時就交換「契約書」，並明文規定付款方式、付款日期等付款條性才行。

另外，在回收應收帳款時會發生一些「肉眼看不到的成本」，所以必須特別留意。現金交易一次回收就沒事了；但是，應收帳款的回收一旦延遲，就要不斷發文去催收，郵資、電話費、人事費等費用都需花費；而且回收時間愈晚，所花費的成本就愈高，故必須致力早日回收應收帳款才是。

三、掌握應收債權的「滯留日數」以籌劃對策

如果是習慣於信用交易的業界，就必須調查每一家客戶的應收帳款期間。

所謂的應收帳款期間，舉例來說，本月份的營業額若能在下個月底全部以現金回收，則其期間為 30 天。

一般而言，就是要調查「週轉期間」及「滯留日數」。

實務上的作法就是，先按照客戶別製作如表 4-1 所示的「債權管理總帳」，並參考個別的契約書及付款條件來計算，接著就要針對應收債權滯留期間過長的客戶，個別檢討以下各點並籌劃對策。

1.客戶的業績是否在惡化中？

2.付款方式是否有改變？

3.往來上是否有糾紛發生？

4.我方業務員所洽談的回收方式是否過於寬鬆？

5.是否為計劃性倒閉而故意破壞以往的付款習慣？

從這些結果看來，對於回收期間延長的客戶，還必須擬出下列對策：

1.信用額度的重新評估

2.停止出貨給該公司

3.寄發存證信函請求回收貨款

4.準備訴諸法律行動

擬定有可能發生的一切對策之後，再視客戶實際狀況來選擇應對措施。

表 4-1 債權管理總帳

____年__月份回收狀況異動表　　　　　　製作日期____年__月__日

客戶名稱	聯絡人	授信額度	月初餘額			本月營業額④	本月回收狀況		月底餘額			備註
			應收帳款餘額①	應收票據餘額②	授信餘額③		預定回收額⑤	實際回收額⑥	應收帳款餘額⑦	應收票據餘額⑧	授信餘額⑨	

註：③＝①＋②，⑦＝①＋④－⑥，將⑤與⑥的回收額進行比較，對債權管理頗為助益。

表 4-2　改善回收狀況的審核要點

1.回收方針的設定	①確立以全額現金回收爲目標的基本方針 ②針對以票據回收貨款的客戶,個別檢討改爲現金回收的可行性 ③按客戶別制定有關回收期限與回收方法的計劃 ④按客戶別製作回收預定表 ⑤按客戶別制訂改善回收計劃 ⑥定期召開制訂回收方針的會議 ⑦將問題客戶列成清單個別檢討
2.回收業務的實施	①請款日前先行訪問客戶,洽談回收日期及回收方法等問題 ②從客戶的財務報表中掌握客戶的資金調度情形 ③從收貨情形及店主的動向注意是否有異常現象 ④審查回收預定表,注意是否按預定回收 ⑤儘量不收取轉讓票據及未到期的票據 ⑥不要直接收受現金,採現金轉帳方式 ⑦收款員中是否有金融從業人員 ⑧謹慎保管收據,並編號列入管理 ⑨客戶別、收款員別預定表,必須由財會人員審核 ⑩回收預定表與請款單必須相互對照 ⑪票據期限是否有延長的傾向 ⑫發生異常現象時,必須立即上報
3.回收報告	①在回收預定表中記入實際的回收金額,並向上級主管報告 ②主管核對回收預定表實績,一發現問題必須立即追查 ③主管除了審查報告內容外,還要核對實物 ④發現計算錯誤要馬上追究原因 ⑤財會人員要審核回收預定表(注意現金回收所佔比例及票據期限的異動) ⑥票據的發票人是否爲往來客戶 ⑦往來銀行是否有變更 ⑧每一位聯絡人的水準是否有太大的差距 ⑨製作回收狀況表,向上呈報

四、以「資金化率」來評估業務員的成績

公司的營業活動並非只要把商品銷售出去就沒事了，還必須待該貨款回收，資金化之後才算告一段落。

舉個例子，銷售商品之後對方以 3 個月的票據作爲付款工具，待 3 個月後票據到期才能夠資金化，換句話說，貨款全額以票據回收時「回收率」爲 100%，但「資金化率」有 3 個月都是掛零；因此，如果不經過 3 個月等待票據交換入帳的話，「資金化率」顯然就無法達到 100%了。

所以，從資金面來看，最重要的並非「回收率」，而是「資金化率」。而爲業務員評分時，也不能光靠營業額和利益來評估，還需將上月與本月的應收債權金額加以比較，以本月份資金化的金額來打分數。如此一來，便可提高業務員的資金概念，進而強化公司本身的經營體質。

表 4-3 應收債權管理的審核要點

1.按客戶別 製作債權 管理總帳	①營業額 ④應收票據餘額 ⑧票據期限	②債權總額 ⑤回收率 ⑨滯留天數	③應收帳款餘額 ⑥現金率 ⑦資金化率 ⑩債權額度
2.訂定債權 額度	①回收面(包括回收條件與回收狀況) ②銷售面(包括銷售狀況與未來性) ③還款能力(包括不動產之有無等償債能力)根據上述三項要件訂定債權額度並製作檢討表		

續表

3.訂定銷售額度	銷售額度＝債權額度－（總債權額－資金化預定額）
4.經銷商的動向	①店主的動向　　②親友及職員的舉止 ③商品庫存情形　④店鋪的狀況 ⑤銷售動向　　　⑥資金狀態等皆爲審視重點
5.審視各類帳目傳票	①檢視營業日報表 ②檢視訂貨傳票 ③檢視收據
6.整理客戶別檔案並收集各相關情報	①契約書　　　　　　②信用調查報告 ③債權額度檢討表　④公司登記證明　　⑤印鑑證明 ⑥負責人不動產謄本　⑦保證人不動產謄本 ⑧各種財務報表　　⑨債權管理總帳 ⑩情報收集等，皆按客戶別歸檔備查，以便發現異常現象時能立即展開行動

表 4-4　存貨管理的審核重點

1.管理體制的建立	①要有商品即金錢的體認 ②要有今日事今日畢的精神 ③遵守規定 ④確立預防事故發生的體制 ⑤明確劃分責任歸屬 ⑥部門間要經常進行溝通 ⑦檢討倉庫的利用狀況 ⑧共同體認工作的重要性以提高士氣 ⑨各項設備是否已投保

2.入出庫管理	①商品貨物是否都按傳票進出倉庫
	②傳票的流程是否都符合規定
	③是否按貨物別設置專人管理
	④是否設置驗收部門
	⑤貨物進出倉庫需由專人負責
	⑥指派專人負責查看每日的貨物進出情形
	⑦貨物總分類帳的記載是否完整
	⑧代管的存貨是否分開管理
	⑨進貨單、收據是否妥善管理
	⑩工作時間以外的進出倉庫情況如何
	⑪退貨處理是否有明確的責任劃分
	⑫發生糾紛時的報告情況如何
3.現貨管理	①是否經常進行現貨管理
	②是否根據貨品總帳盤點現貨
	③盤點不符時，是否立即追查原因
	④是否因貨別、品別決定適當的庫存量
	⑤同一貨品是否分置於二個以上的地方
	⑥財會主管是否定期到倉庫現場視察
	⑦計算錯誤後的修正是否由主管執行
	⑧良品及不良品是否分開管理
	⑨貨品是否有投保
	⑩有無不當的存貨
	倉庫裏是否設置消防器材、設備
	有無防盜措施

五、以「ABC 管理」掌握最恰當的庫存量

存貨是公司營業活動的重心所在，也是重要的收益來源之一，尤其對買賣業而言，存貨更是公司經營的關鍵所在。商店裏的商品愈豐富就愈受到顧客的喜愛。爲了抑制存貨而減少店裏的商品，不僅無法招攬顧客，而且很有可能因而喪失許多很好的銷售機會。

但是話說回來，存貨少對資金的運作較爲有利，反之，存貨增加所需的運轉資金也隨之增加。因此，存貨必須做有效率的週轉，而經營上也必須以擁有適量的庫存爲重。

另外，過多的存貨還會造成以下幾種資金的浪費：

1. 運轉資金固定化
2. 存貨陳舊、破損
3. 流行物品等的滯銷
4. 倉租、保管費、運輸費用等的支出

其中花得最冤枉的要算是存貨的管理費用了，一般而言，存貨的管理費用通常佔年存貨的 15%、25%左右，明細大致如下：

1. 陳舊費：10%
2. 利息支出：6%
3. 折舊費：5%
4. 處理費：2.55%
5. 稅金：0.5%
6. 運費：0.5%

7.保管設備費：0.25%

8.保險費：0.25%

假設存貨為 1 億元，則管理費用為 2500 萬元。因此，若能減少一半的存貨，則可減少 5000 萬元的運轉資金及 1 年之間 1250 萬元的費用。

一般而言，造成存貨過多的原因有以下幾點：

1.進了賣不出去的貨品

2.商品生命週期面臨衰退期

3.生產系統發生問題，交貨期延後

4.銷售進入停頓狀態

待存貨過多的問題發生之後再行處理的話，處分這些不良存貨就需要很多的時間，所以最好在剛開始進貨時就先設定好「適當的庫存量」，存貨一旦超過設定的庫存量時，就可提早擬訂對策了。

此時，最有效的辦法就是如圖 4-1 所示的「ABC 管理」。這種方法是先設定好納入重點管理的存貨項目，並將這些選出的項目按年度消耗額或銷售額的順序──排列，並累計各項目的消耗金額、計算出其比率以統計圖表的方式表示。從這份圖表裏的存貨情形來看，庫存量佔 40%的 A 商品,其存貨金額佔 80%,所以要管理存貨必須先從 A 商品著手，這對提高庫存效率而言，也是最具效果的。

再看 C 商品，其庫存量佔 40%,但其存貨金額只不過佔 10%而已，所以對於這類存貨只要稍加處理就可輕易減少存貨所佔空間，同時解決存貨可能導致的損失。

圖 4-1　以「ABC 管理」掌握最適當的庫存量

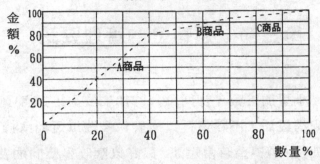

存貨的 ABC 分析

	庫存量	金額
A 商品	40%	80%
B 商品	20%	10%
C 商品	40%	10%

A 商品的庫存必須徹底管理。
C 商品則適當處理即可。

心得欄 ----------------------------------

第三節　週轉金的管理要訣

　　有一家小型加工廠，初期每月的加工收入足抵各項開支，資金調度尚稱靈活，不料最近以來客戶多改以遠期票據支付，貸款收回期長，週轉金時常短缺，只好以應收客票向朋友調現。

　　週轉金管理，是企業財務管理的重要課題，如何充裕週轉金，避免陷入週轉困難而影響企業營運，不外開源與節流二者，具體來說，就是要針對週轉金的來源與支出建立良好的管理。

　　下列幾點因素影響週轉金的需求甚大，應該特別注意：

　　1.應收款項收帳期限：收現週轉快，資金挹注多。

　　2.存貨庫存量：過多存貨將阻滯資金週轉。

　　3.付款期限：期限長對調度週轉金有利。

　　4.銷售量：銷售增加，可以增加存貨週轉速度。

　　5.負債：借款可增加週轉金，但借款到期通常需要週轉金償付。

　　良好的週轉金管理，必須做到下列二點：

　　1.**編制現金收支預估表**

　　這裏所說的現金收支預估表，是公司對未來一定期間內預計發生的各項收入及支出，事前應作妥慎的計劃。預估表內包括：現金收入估計、支出估計、安全資金庫存估計及資金籌措運用計劃。依據公司的生產銷售等營運計劃編好這個預估表，

使我們隨時可以知道公司需要準備資金的數量與時間，然後再予適當調度，以應付未來的各項支出，同時也可藉此檢討公司的營運策略。

2. 檢討銷售政策及付款方式

公司應收款項收帳期間的延長，或應付款項支付期間的縮短，都將發生營運資金的額外需求。實務上欲縮短收帳期間，有所謂現金折扣法，就是說客戶如果能在一定期間內付款者，則給予折扣，貴公司在洽談交易條件時，不妨考慮應用。

3. 匯票、本票的融資方法

銀行業辦理票據承兌、保證及貼現業務，其所指之應收票據系指符合票據法規定之本票及匯票兩種，我們可以提供營業交易產生的匯票、本票為副擔保，向銀行辦理短期擔保放款，或以符合辦理貼現條件之應收客票（承兌匯票、商業本票）以貼現方式取得融資。

4. 遠期支票的融資方法

目前工商界習慣以遠期支票做為支付工具，貴公司收受票據，以此種為多。銀行也受理這項票據作為副擔保，辦理短期放款。該項貸款由銀行依借戶實際週轉需要，核定額度，並可在此額度內循環動用，非常方便。不過，本項貸款辦法對申請資格及應收客票性質有所限制，必須是依法登記的公司行號，其財務結構健全，業務經營正常，提供作為副擔保的客票應以屬於商品銷售出租或提供服務等由實際交易行為產生者為限。

第四節　中小企業資金合理化的財務分析

一、短期合理資金的比率分析

1.流動比率（current ratio），又稱流動資金比率（working capital ratio）

(1)公式：流動資產/流動負債

(2)功用：測驗短期付款及償債能力。

(3)標準：大於 200%較佳，150%～200%尚可，150%以下須警戒。

2.速動比率（quick ratio），又稱酸性測驗（acid test）

(1)公式：速動資產＝（流動資產－存貨－預付費用－用品盤存）/流動負債

(2)功用：測驗短期迅速付款及償債能力。

(3)標準：大於 100%較佳，75～100%尚可，75%以下應警戒。

3.現款比率

(1)公式：現金＋銀行存款/流動負債

(2)功用：測驗保存現款的基本金額。

(3)標準：大於 20%較佳。

4.運用資本與流動資產比率

(1)公式：運用資本＝（流動資產－流動負債）/流動資產

(2)功用：測驗對於資金週轉運用靈活的程度。

(3)標準：大於 50%較佳。

5. 應收賬款週轉率(account receivable turnover)

(1)公式：

①週轉次數＝銷貨淨額/平均應收賬款

②每次的天數＝365/前項週轉次數

(2)功用：測驗企業收款的成效。

(3)標準：週轉次數越高越佳，每週轉一次所需天數以較小為宜。

6. 流動資產週轉率(turnover of current assets)

(1)公式：銷貨淨額/流動資產

(2)功用：測驗企業的交易能力及流動資產是否過多。

(3)標準：越高越佳。

7. 存貨週轉率(turnover of inventories)

(1)公式：銷貨成本/平均存貨

(2)功用：測驗存貨是否過多及產銷效能是否良好。

(3)標準：較高為宜。

二、中長期合理資金的比率分析

1. 固定資產與資本總額比率

(1)公式：固定資產/(股本＋公積＋盈餘)

(2)功用：測驗企業自有資金是否足夠撥充流動資本。

(3)標準：應低於 100%，若高則表示自有資金不足，須借外

債撥充。

2.長期負債與擔保資產比率

(1)公式：長期負債/擔保用的資產

(2)功用：測驗企業舉債保障的安全程度。

(3)標準：以 20%～80%為宜。

3.流動資產與負債總額比率

(1)公式：流動資產/負債總額

(2)功用：測驗企業解散或破產時的迅速償債能力。

(3)標準：大於 100%較佳。

4.流動資產與資產總額比率

(1)公式：流動資產/資產總額

(2)功用：測驗每年的資金結構變化是否對企業有利。

(3)標準：無一定標準，景氣時可稍提高，不景氣時宜稍降低。

5.固定資產與資產總額比率

(1)公式：固定資產/資產總額

(2)功用：測驗每年固定資產變化是否對企業有利。

(3)標準：無一定標準，景氣時可稍降低，不景氣時宜稍提高。

6.投資或其他資產與資產總額比率

(1)公式：投資或其他資產/資產總額

(2)功用：測驗營業上有無必要投入資金。

(3)標準：不宜過大。

7.資產總額與負債總額比率

⑴公式：（股本＋公積＋盈餘）／負債總額

⑵功用：測驗企業依靠外借資金的程度。

⑶標準：以高於 100%為宜，否則會破產。

8.公積及盈餘與資本總額比率

⑴公式：（公積＋盈餘）／資本總額

⑵功用：測驗企業獲利能力及理財政策是否恰當。

⑶標準：比率越高越佳。

9.短期負債（或長期負債、股本）與負債及資本總額比率

⑴公式：短期負債（或長期負債、股本）／（負債總額＋資本總額）

⑵功用：測驗資金來源變化是否利於企業。

⑶標準：無一定標準，但長、短期負債比率以大於 10%，股本大於 65%為宜。

10.固定資產週轉率(turnover of fixed assets)

⑴公式：銷貨淨額／固定資產

⑵功用：測驗固定資產是否遇多。

⑶標準：以較大為宜。

11.投資收益與投資比率

⑴公式：投資收益／投資

⑵功用：測驗投資是否合理。

⑶標準：以較大為宜。

12.營業利益與資產總額

⑴公式：營業利益／資產總額

(2)功用：測驗全部資金的獲利能力。

(3)標準：越高越佳。

13.投資報酬率（investmentreturnratio）

(1)公式：浮利/資本總額

(2)功用：測驗企業投入資金的成果。

(3)標準：越大越佳。

14.淨利與普通股總額比率

(1)公式：（淨利－優先股股利）/（普通股股本＋普通股東的公積及盈餘）

(2)功用：測驗普通股本的獲利能力。

(3)標準：越高越佳。

心得欄 _

_ _

_ _

_ _

_ _

_ _

第**5**章

強 化 設 備 資 金

第一節　設備投資的核算與評估方式

一、檢討設備投資的五大要項

　　所謂損益兩平點就是指利益爲零的營業額，也就是費用與營業收入相等；由於收支達到平衡狀態，故又稱爲「平衡點」。

　　公司要想持續生存發展，就必須先確保利益，所以營業額一定要在損益兩平點以上。但是，一旦要想投資設備，首先增加的就是固定費用，那麼損益兩平點一定比原有的還高。因此，要投資設備，確保一定利益，就必須提高相當的營業額。所以在投資設備時，有五點注意事項：

　　⑴投資設備會導致固定費用增加多少？

　　⑵投資設備時「平衡點」會變爲多少？

(3)投資設備可確保多少利益？

(4)在投資設備的同時，要提高多少的營業額？

(5)投資設備對運轉資金的增加有何影響？

其中最重要的是(1)(4)(5)項。因此，接下來我們就針對這三點加以說明。

1.固定費用的增加

一旦投資了設備，就會產生利息、折舊費、保險費、固定資產稅、維修費等費用；待設備開始運轉之後，還需支付作業人員的工資及增加運轉資金所需之利息，而這些費用大部屬於固定費用。一般而言，這些費用一年約佔投資金額的 20～30%左右。假設投資 1 億元的設備，一年約需增加 3000 萬元左右的固定費用。

2.營業額的提高

投資了設備之後，固定費用增加，損益兩平點也隨之上升，再加上要確保相當利益，因而更需提高目標營業額，所以就必須進一步檢討這些目標營業額的適當性。

接著，就舉個例子來看看損益兩平點的變化情形吧！假設設備的投資金額為 1 億元，因該項投資而產生的固定費用為3000 萬元，變動費率為 50%，目標利益為 1000 萬元，於是可以得知：

(1)損益兩平點的上升額為 6000 萬元

固定費 3000÷[1－變動費率(30%)]＝6000 萬元

(2)為確保目標利益，營業額需增加 8000 萬元

[固定費 3000＋目標利益 1000]÷[1－變動費率(50%)]＝8000 萬元

這麼一來，平衡點隨著設備投資而提高，營業額也須較目前提高許多。總而言之,簡單的設備投資可能使公司毀於一旦。

3.運轉資金的增加

投資設備時，除了設備資金增加之外，當然連運轉資金的需求也會增加。請參照表 5-1，假設投資 1 億元的設備，而計劃增加 8000 萬元的營業額，運轉資金就需增加 2000 萬，因此設備投資所需資金分別為設備資金 1 億元及運轉資金 2000 萬元，共計 1.2 億元。

表 5-1　設備投資時需增加多少運用資金

設備投資額	1 億元	
營業額增加目標額	8000 萬元	
應收債權週轉期間	3 個月	
存貨週轉期間	2 個月	
應付債務週轉期間	2 個月	
應收債權＝8000 萬元×(3/12)＝2000 萬元		①
存　　貨＝8000 萬元×(2/12)＝1333 萬元		②
應付債務＝8000 萬元×(2/12)＝1333 萬元		③
運轉資金增加額：①＋②－③＝2000 萬元		

二、損益兩平點以外的設備投資效果測量法

評估設備投資的平衡性及經濟性，首先要從損益兩平點看起：除此之外，還有四項指標可供參考：

1.資金回收期間法

這是用來計算所投下的設備資金，在幾年後可因投資所得而回收成現金流入的方法，也就是藉由資金回收的速度來測知投資的效果。

假設：投入設備資金 1 億元可以獲得 3000 萬元的現金流入，那麼設備資金的回收期間為 2～3 年。

資金回收期間＝投資÷現金流入（稅後折舊前利益）

2.投資報酬率法

這是用來計算該項投資能有多少獲利的方法。

但是，這種方法會因回收期間訂於幾年後，而有以下二種不同計算方式：

(1)由該段期間的平均利益與平均投資額來計算。

(2)考量該段期間的現值來訂定貼現率。

考量以上情況之後，再做正確計算，才是符合理論又可提高實用性的方法。

3.利益額比較法

拿數個投資對象相互做比較，將利益額較大者列為優先的投資對象。這種方法也可區分為單純比較利益額者，與考慮利息問題後比較實質現值者二種。

4.成本比較法

這種方法主要是用在新舊機器設備汰換的場合中。假設投資效果相同，則選擇費用低廉者較為有利。這種方法也可區分成以單純費用做比較，或是以費用現值加上資本回收係數後再做比較二種形式。

第二節　從何處籌措設備資金

一、以「現金流入」或「增資」來籌措設備資金

公司為擴展事業而投資設置辦事處、興建工廠、購買機器設備等是無可厚非的事。但有關這些設備資金的回收，卻需花上相當長的時間，致使資金無法動彈。因此，在籌措投資設備所需的資金時，必須遵循以下二項原則：

(1)設備資金的回收需相當長的一段時間，而且又有風險，故盡可能以資金成本低廉又不需還款的「自有資本」來支應。

(2)以還款期限較長的長期「借入資本」對應。

在籌措設備資金時一定要遵守以上任何一種原則才行。另外，所謂自有資本，一般而言包括下列二種：可供做自有資金的現金流入(亦即現金盈餘，包括保留盈餘、折舊費用及攤銷費用)；增資及發行新股的股款。

這些都是沒有還款期限，可自由使用的安定資金，有助於強化財務體質。接下來，就讓我們來探討這些自有資本的運用情形。

1.現金流入(現金盈餘)的運用方式

以自有資金來作為設備資金是最具穩定性的，因為自有資金沒有還款的負擔，所花費的資金成本也最低，所以沒有比自

有資金更為安定的資金來源。

自有資金中最穩定也最有利的資金就是保留盈餘和折舊費用，亦即所謂的現金流入。但若沒有一定的盈餘就沒有這些資金的產生，因此要確保這類自有資金的存在，就必須不斷創造利益。

另外要提到的是，保留盈餘與紅利分配、董監事酬勞等盈餘分派政策之間，皆存有相當密切的關係。

特別是在盈餘分派政策上系偏重股東分配股利或是保留盈餘這一點有相當大的差異，並且和公司的經營理念也不無關係。總而言之，現金流入對於公司利益的多寡及收益能力有非常大的影響。

2.增資的運用方式

在股票市場活絡時，大型企業可以輕易從股票市場上調度資金，藉以充實自有資本。但是，一般中小企業若想藉由增資以溢價方式調度資金則不是那麼簡單。

泡沫經濟崩潰之後，各企業在經營上不得不積極強化本身的財務體質。因此，各企業已無法一味依賴金融機構的借款，而必須充實自有資本。

於是從現在起，最重要的就是先做好隨時可藉增資來調度資金的準備動作。以下就是企業不可怠慢的努力重點：

(1)財務會計內容的公開

最重要的就是將公司的經營內容透明化，讓第三者也能對公司的經營內容以及財務內容一目了然。

(2)企業形象的提升

首先，企業要對社會有一份責任感，不要以操縱公司內部的觀念來經營公司，要想辦法借著職員認股制度，或是與客戶間的利益平衡來安定公司的經營。

(3)維持分紅的安定化

增資的先決條件就是要讓股東們有紅利可分配，因此要想維持定期的分紅，就必須讓公司持續不斷的獲利。

(4)經營與資本的徹底分離

公司持續拓展業務需要很多的資金，這些資金若能完全依賴公司所獲得的利益，是最理想不過的，但現實上卻有困難。如果不斷增資，就會發生「經營與資本分離」的情形，此時最重要的就是確保管理者的經營權；因此，管理者的能力亦必須隨著公司的成長而成長。

二、發行公司債以代替借款

設備投資所需資金最好以自有資本來調度，但是，若想進一步擴大公司業務，則必須依賴借入資本。

以下就介紹二種以借入資本來調度資金的方法：

1. 發行公司債

大型企業在股票狂飆時，常會以「時價發行股票」及「可轉換公司債」、「發行附有新股繼承權的公司債」等方式來調度資金。

最早以前所謂的公司債，系指「股份有限公司所發行的一

種作為固定有息債務憑證的債券」。法律上明文規定：股份有限公司只要具備某些特定條件即可發行公司債，但實際上卻只有大公司才發行公司債。發行公司債不僅需花費募集費、印刷費等發行費用，還需支付公司債的利息。更甚者是，當發行價格低於面額時，一旦公司債到期仍須依面額買回。

雖然如此，但還是有它的優點存在：

⑴**可以轉借**

從金融機構等處借來的款項必須在期限內還款，但公司債則可為還款再次發行。

⑵**可以買回**

資金充裕時，亦可用多餘資金買回公司本身發行的公司債以回收債權。

⑶**利用通貨膨脹的效果**

國家經濟的成長通常都會導致通貨膨脹發生，所以 100 萬的現金很可能在幾年後貶值。屆時所要還款的金額雖然不變，但價值減少的風險則無需自行負擔。

此外，還有近來盛行發行的「可轉換公司債」，又稱做「CB」。就是可轉換公司債的所有權人，以事先訂定好的轉換價格，買下附有股份轉讓權利的公司債。

但是，當股價下跌至轉換價格以下時，持有者亦可不行使轉讓權利，而當作一般的公司債持有。

所謂「附有新股繼承權的公司債」即為「附有股份收買權的公司債券」，也就是在一般公司債上附加「新股繼承權」。

表 5-2　借款時的必備條件

提出文件	法人	職員
1.基本資料		
(1)借款申請書	☐	☐
(2)印鑑證明書	☐	☐
①借款申請人 1 份	☐	☐
②連帶保證人 1 份	☐	☐
(3)土地建物登記謄	☐	☐
(4)公司執照及營利事業登記證影本	☐	☐
(5)公司決算申報書(3 年份)		☐
(6)公司股東名冊及董監事名冊、公司章程、個人資料表、公司簡介	☐	☐
(7)負責人(個人)身份證明		
2.營業相關資料		
(1)各往來銀行的存借款明細	☐	☐
(2)最近三年的稅務申報書(公司所有借款餘額超過新臺幣 3000 萬元者,則需提供由會計師簽證的財務報表)	☐	☐
(3)申請設備資金所需的借款時,需附上營運計劃表	☐	☐
3.擔保物品相關資料		
(1)土地建物調查表	☐	☐
(2)土地公告地價證明書	☐	
(3)現場照片數張	☐	☐
(4)住宅平面圖	☐	☐
(5)土地建物謄本	☐	☐
(6)鄰近街道圖表	☐	☐
(7)實地測量圖	☐	☐
(8)建築確認圖	☐	☐
(9)室內分配圖	☐	☐
(10)買賣契約書及重要事項說明書	☐	☐
(11)鑑價報告書一份	☐	☐

換句話說，公司事先擬定好新股中的固定股數，並對這些固定股數賦於在一定期間內以一定金額成交的權利，但當股價跌至該一定金額以下時，該公司債即形同廢紙。

2.向金融機構借款

在設備資金的調度方法中，最廣為利用的就是向金融機構借款。設備資金的回收需要一段相當長的時間，無法像短期借款採用一次還款的方式，因此大多都採用分期付款的方式償還長期借款。所以，在借款形式上就需提供借據以作為擔保之用。

長期借款的來源，通常是以保留盈餘和折舊費用為主；因此，若以長期借款購買的設備之耐用年數與借款的還款期間相同，而還款金額又與折舊費用一致的話，那就可用折舊費用來還款。但在時間上若出現無法銜接時，則需以利益來支應，故利益若無法持續確保，就有可能導致還款發生困難的現象。

因此，像是總公司及工廠等，在花費巨額投資耐用年數較長的機器設備時，不可僅只依賴長期借款，還需運用增資等其他調度方式一併考慮在內才行。此外，購買土地不會發生折舊費用，所以基本上是要以保留盈餘來當作還款來源。

但是，有些土地因地點而有增值的可能性，因此就帳外資產而言，土地亦兼有強化企業財務體質的功能。

三、靈活運用資金的租賃方法

近來，有一種變相的設備投資方式正被廣泛運用，那就是租賃。所謂租賃，系指租賃公司訂定一段租賃期間，將物品出

租一事。換句話說，公司調度資金的目的，並非是爲了要購買機器設備，而是以向租賃公司租借物品爲目的。

一般而言，租賃的方法有許多種，而最常見的就是「融資租賃」，也稱「資本租賃」。所謂的「融資租賃」，就是以支付租賃物品的租賃費用來代替購買物品所需的借款，其租賃原則爲不可中途解約。

請參考表 5-3 所列租賃之優缺點比較。利用租賃方式的缺點是租賃費用較高，但總比調度設備資金來得輕鬆，再加上租賃的物品不須列入固定資產，也無需計算折舊費用，故在事務手續上較爲簡便。

表 5-3　　租賃的優缺點

優　　　點
1.不需擔保設定
2.租賃費用固定，核算容易，而且租賃的效果非常明顯
3.資金可更有效地運用
4.可使用最新型的機器設備
5.租賃費用在稅法上可認列費用支出，其維修、保險、稅捐可核實列支
缺　　　點
1.以成本而言，較購入實物爲高
2.不可中途解約
3.可供租賃的物品種類有限

第三節 以財務比率來分析支付能力

一、流動比率及速動比率評估運轉資金支付能力

資金週轉不靈致使公司倒閉——亦即公司失去了支付能力，因此必須先分析資金內容以掌握支付能力。一般而言，分析公司支付能力的方法大致可歸納成二種：

(1)以財務比率來分析的方法。

(2)以資金運作表來分析的方法。

在此要介紹的是以財務比率來分析支付能力的具體方法，這種方法通常又被稱爲「安全性分析法」。

這種分析方法原本是身爲債權人的銀行用來評估債務人還款能力的方法，同時也是利用各種財務報表來分析經營理念的最具歷史性的分析手法。要分析一家公司對運轉資金的支付能力安全性如何時，通常有二項可供參考的數據：

1.流動比率

從流動資產與流動負債的比率來審查流動資產對流動負債的支付能力。

$$流動比率＝流動資產÷流動負債×100\%$$

流動比率愈高則表示支付能力愈強。美國的流動比率標準通常都設定在 200%以上，其理由是當流動資產的價值貶值 1/2

時，仍具有償還流動負債的能力。而且，如果擁有 1 年內必須支付的流動負債 2 倍以上之流動資產，運轉資金就不致會發生不足的現象。這是從銀行的立場來考慮的標準，故又被稱爲「銀行家比率」。

然而，日本是個對借款依存度頗高的國家，所以無法像美國那樣達到 200%的水準。其標準依業種而有所不同，但平均大約爲 120%、160%之間。但也不能因爲該公司的流動比率高，而斷言其支付能力充足，這還需視其流動資產的內容而定。如果流動資產中存貨及不良債權佔相當比例的話，那就無支付能力可言。流動比率固然重要，但對於變現能力較強的速動資產更需特別留意。

2. 速動比率

流動資產包括可立即當作現金使用的現金存款、應收帳款、應收票據等的應收債權、有價證券、應收款等的速動資產，以及無法立即變現的存貨。

$$速動比率＝速動資產÷流動負債×100\%$$

速動比率要比流動比率更能嚴格審核一家公司的支付能力，美國的速動比率標準通常設定在 100%以上；而日本的速動比率則平均在 70%、80%之間。

二、評估資金調度來源

採「固定比率」及「固定長期適合率」來評估投資長期固定資產的合理性。

1.固定比率

固定資產包括土地、機器設備、建築物等長期無法流動的資產，這些固定資產無法即時買賣變現，只可以回收一些折舊費用，而這些折舊費用經年累計，都只是帳務處理的問題，並無真正的現金可以回收。換句話說，投資固定資產的資金需要經過長時間才可獲得回收，所以最好以「自有資本」來支應。

就其固定資產與自有資本的比率面而言，自然是在 100%以下者爲佳；其中的固定比率在 100%以下的公司，就可視爲以自有資本經營的健全公司了。

2.固定長期適合率

以自有資本來供應固定資產所需是最恰當的，但實際上卻很難達到如此理想的境界。負債的支付期間若爲長期，就可視爲和自有資本一般具有穩定性的資金，所以不妨考慮用長期負債來投資固定資產。尤其對重視成長性的公司更爲重要，因爲利用長期借款及發行公司債來調度資金有其必要。自有資本加上固定負債之後，還能維持在 100%以下則無大礙。

固定長期適合率＝固定資產÷（自有資本＋固定負債）×100%

因此，在考慮設備投資的平衡狀況時要注意：

(1)固定資產是否由自有資本來調度？

(2)固定資產的金額是否在自有資本與固定負債的總額範圍之內？

萬一發現設備投資的資金是由短期借款來調度的話，即表示資金體系已遭破壞。

三、評估借入資本支付能力

那麼，要審核向他人調度而來的負債其支付能力如何時該怎麼辦呢？所謂借入資本，照字面上來說就是別人的錢；亦即未來一定要償還的資金；同時，當然也需支付利息。因此，資金的調度盡可能運用不需還款的自有資本為佳，這一點相信大家都已經瞭解了。接下來就是採用一些作為審核借入資本負債的支付能力，這些用來作為依據的比率就是「負債比率」及「自有資本比率」。

1.負債比率

即自有資本與負債之比。自有資本相當於對借入資本這項負債的一種擔保，所以負債餘額最好在自有資本的範圍之內。

$$負債比率＝負債÷自有資本×100\%$$

這個比率是用來表示負債餘額對自有資本所佔的比率，所以自有資本愈多愈好。當然，負債比率也是愈低愈好。

2.自有資本比率

這個比率可看出公司財務體質的強度。

$$自有資本比率＝自有資本÷總資本×100\%$$

自有資本比率多少才是最理想的呢？如果負債都是由自有資本來支付，那麼這個比率最好能維持到 50%以上。不過，大部份的企業是以借款來拓展公司的經營發展，所以在這種情況下，該比率若能維持在 30%以上，其財務體質就算不錯了。

第四節 （案例）放眼國際的籌資策略

一、公司簡介

R‧J‧雷諾爾德斯工業公司（RJR）位於北卡羅來納州的溫斯頓－賽勒姆，是一家在經營煙草產品、食品和飲料的消費品公司。RJR 的煙草產品銷往全世界的 160 多個市場。其在美國流行的香煙品牌有駱駝、溫斯頓、賽勒姆和優勝者，它們都是 1984年在美國銷售最好的十大名牌香煙之一。食品和飲料業務通過德爾瑪特、休勃萊思和肯德基經營。德爾瑪特是世界上最大的水果和蔬菜罐頭生產廠，產品有加拿大幹飲料、夏威夷的混合甜飲料、桑吉斯特的軟飲料、莫頓的冷凍食品和東方風味食品。休勃萊思是美國最大的伏特加和預先混合的雞尾酒生產商，也是全國最大的白酒生產商之一。肯德基是美國最大的速食雞連鎖店，並在世界速食業中排名第二。RJR 的戰略是集中發展高收益邊際的消費品行業，並在這些行業佔據主導或領先位置。1979 年對德爾瑪特的收購是其發展戰略的開始，緊接著的是於1982 年對休勃萊思的收購。1983 年，RJR 收購加拿大幹飲料和桑吉斯特公司，使其成為德爾瑪特子公司的一部份。1984 年，RJR 轉讓了世界上最大的集裝箱運輸公司——海陸公司，出售了美國第二大獨立的石油和天然氣開發公司——艾米諾爾公司，同時更突出了其集中於消費品的戰略。1985 年中期對納貝斯克

的收購完全符合公司的長遠戰略計劃。

RJR 1984 年在《幸福》雜誌前 500 名企業排名中列第 23 位，它當年的銷售收入近 130 億美元，淨利潤爲 12 億美元。

1984 年末，公司的總資產爲 93 億美元。1984 年 11 月，RJR 以 7.38 億美元的總成本購回並沖銷了其 1000 萬股普通股。1985 年 5 月，公司將 1 股普通股分割爲 2.5 股。1985 年 8 月，公司 又以 2.48 億美元的總成本購回了其 790 萬股普通股。1985 年 中期，其普通股的售價爲每股約 27 美元。RJR 正準備在幾個主 要的國外股票市場上市其股票。

儘管歐洲、加拿大、澳大利亞和亞洲部份地區是 RJR 的重 要市場，但其主要的銷售和製造在美國。RJR 在國外的各個子 公司通過其瑞士銀行子公司來防範非美元的營業現金流量的風 險，而該銀行反過來又幫 RJR 廻避全球貨幣風險。從事大規模 製造業的子公司，如在德國的子公司，通過在當地市場借款籌 集部份資金。RJR 在日本的業務主要是肯德基連鎖店，它的固 定資產很少，所獲日元多用於在日本擴充業務。

二、案例

1985 年 8 月，R·J·雷諾爾德斯工業公司的財務董事厄 爾·霍爾，要求公司的各個銀行提出方案，以便爲其近期用 49 億美元收購納貝斯克公司籌措部份資金。作爲收購協議的一部 份，RJR 將在幾週內，在美國國內市場發行 12 億美元 12 年期 票據和 12 億美元優先股。它已爲收購納貝斯克籌集了 15 億美 元，尙剩 10 億美元需要籌集。

針對這一要求，紐約的摩根擔保信託公司與在倫敦的該公

司組成一個融資小組，在過去幾週中分析了 RJR 可能在歐洲債券市場上進行的各種融資條件。一種比較有意思的考慮是 5 年期、歐元/美元雙貨幣歐洲債券。倫敦告訴紐約摩根公司，雷諾爾德斯公司可按面值 101.5%的價格發行 250 億歐元的不可贖回債務。每年用歐元支付 7.75%的利息、1.875%的手續費。但是，最後需償付的本金將爲 1.15956 億美元，而非面值 250 億歐元。RJR 可能願意發行 5 年期的債務，利率很有吸引力。然而，這一小組擔憂這種混合結構所帶來的匯率風險以及其是否適合 RJR。因此，該小組還需考慮防範雙貨幣債券風險的方法。

這一融資小組還認爲，比較這種結構與倫敦提出的其他可能方案的成本很有意義，備選方案之一是 5 年期歐洲美元債券，備選方案之二是 5 年期歐元債券。該小組還認識到，評估歐洲美元債券時，應與包括將歐元債券轉化爲美元債務的避險或互換成本在內的全部成本相比。

心得欄

- -

- -

- -

- -

- -

第 *6* 章

分析週轉資金的具體辦法

第一節　以資產負債表製作資金運用表

公司的資金必須從流動及現有二方面來探討。現有資金可從比較兩年份的資產負債表，掌握該段期間公司資金的調度與運用情況，提供這些信息的表格就是「資金運用表」。在此以 B公司為例，說明資金運用表的製作方式。

首先，要先製作「資金細算表」。在這張表上先填寫兩年份的資產負債內容，並畫出可供填寫增減的欄位。然後將資產增加的部份寫在差額欄左邊，減少的部份寫在差額欄右邊；再將負債、資本增加的部份寫在差額欄右邊，減少的部份寫在差額欄左邊。這些都和簿記試算表的製作方式相同，所以差額欄的左右合計應該一致。然後，在資金運用表字段的左邊填入本期的資金運用增加額；右邊填入資金調度的增加額。到目前為止

的動作都很簡單，接下來的修正內容就比較困難了，這就是與
運轉資金無關的非資金交易修正欄，其修正項目如下：

圖 6-1　資金運用表的製作方式

圖　B公司的資金細算表									
科目	資產負債表		差額		修正記入			資金運用表	
	前期	本期	借方	貸方	借方	貸方		運用	調度
現金存款	2000	2200	200					200	
應收票據	6500	6800	300					300	
應收帳款	4700	5200	500					500	
商品	2300	3600	1300					1300	
建築物	14000	15000	1000			④200		1200	
資產合計	29500	32800							
應付票據	4300	5300		1000					1000
應付帳款	5400	5600		200					200
借款	5200	7400		2200					2200
未付稅金	150	250		100	①250	②150			
長期借款	3500	3000	500					500	
資本金	10000	10000							
公積金	600	800		200	③200				
本期利益	350	450		100		①250			
負債‧資本合計	29500	32800				③350			700
營所稅					②150			150	
紅利分配					③100			100	
董監事酬勞					③50			50	
折舊費用						④200			200
合計			3800	3800	950	950		4300	4300

修正內容
①本期利益的修正
　未付稅金 250　　本期利益 250
②前期未付稅金等的修正
　稅金支出 150　　未付稅金 150
③前期利益的修正
　公積金 200　本期利益 350　紅利支出 100　董監事酬勞支出 50
④固定資產的修正
　建築物 200　折舊費用 200

見表 6-1

1.本期利益的修正

本期末繳納的營利事業所得稅系於下期才需支付，故可再記回稅前的本期利益中。

2.前期未繳納的營利事業所得稅等之修正

前期繳納的營利事所得稅 150 於本期內支付，故借方的稅金支出應修正為 150。

3.前期利益的修正

前期所發生的當期利益在本期內做分配時，必須將分配完畢的差額部份沖銷。公積金 200、紅利分配 100、董監事酬勞 50，合計 350 需填入當期利益的貸方裏。

4.固定資產的修正

固定資產折舊費用的計算方式若採用直接法時，則修正為折舊前的固定資產，也就是將折舊費用 200 記回建築物之中。

5.準備金的修正

B 公司是沒有這種情形，但備抵呆帳及退休金準備等準備金的提列系屬非資金費用，為現金流入的一部份，故必須加以修正。

第二節　從八種觀點徹底分析資金運用表

　　依據資產負債表而作成的資金運用表，可用來一一檢討某特定期間內資金的增減原因。除此之外，資金運用表還可用來進一步分析該特定期間內所舉辦的經營活動及其效果如何，以及今後經營活動的方向、對策等內容。

　　只要將資金的運用及調度情形分成數個區段，即可掌握每個區段間資金流動的情形。接著，就讓我們把資金運用表區分為流動資產、固定資產、流動負債、固定負債、資本等五個區段來掌握詳細的資金流向。

　　以表 6-1(B 公司的資金運用表)為例,所做出的資金運用圖即為圖 6-2 所示。

　　修正的工作到此結束。而資金運用表也呼之欲出了。在資金試算表的最右邊有一欄資金運用表，在這欄裏填入「差額」與「修正內容」的合計即告完成。

　　若要對公司資金內容做徹底的分析，就必須同時參考資金運用表、資產負債表以及資金運用圖才行。在這裏，就以 B 公司為例，歸納出公司資金的分析重點。

表 6-1　資金運用表

1.週轉資金運用表			
(1)營業活動所需運轉資金			
①利益及非資金費用			
利益		700	
稅金	150		
紅利	100		
董監事酬勞	<u>50</u>	<u>300</u>	400
折舊費		<u>200</u>	<u>600</u>
②增加運轉資金			
應付票據增加	1000		
應付帳款增加	<u>200</u>	<u>1200</u>	
應收票據增加	300		
應收帳款增加	500		
商品增加	<u>1300</u>	<u>2100</u>	▲900
(2)營業活動以外所需運轉資金			
短期借款增加			<u>2200</u>
週轉資金增加			1900
2.設備資金運用表			
償還長期借款		500	
購置建築物		<u>1200</u>	<u>1700</u>
現金存款的增加			200

圖 6-2　將資金運用表分成五個區段進行資金分析

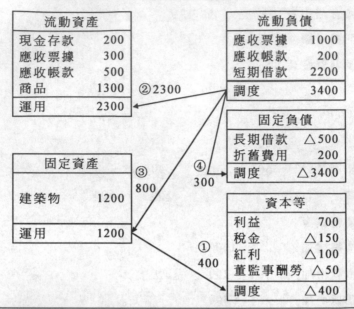

①資金的流向：
　保留盈餘 400→運用於購買建築物
②運轉資金的平衡：
　不足之運轉資金 2300＝應付債務 1200＋短期借款 1100
③固定資產投資的調度方法：
　固定資產的增加 1200＝保留盈餘 400＋短期借款 800
④資產運用的綜合判斷
　自流動負債調度 3400→流動資產運用 2300，固定負債還
　款 300，固定資產運用 1200

1.手頭上可自由運用的資金有多少

　　包括現金、存款及具市場行情的有價證券，但並不含借款
及做為擔保的票據貼現所得之現金存款。另外，有價證券的時
價若低於當初購買的價格時，則有必要重新評估。雖因業種及
公司規模等之不同而有所差異，但平均而言，手邊持有的資金

最好相當於一個月份的營業額才是最理想的。B 公司的手頭資金只有半個月份的營業額，所以還稱不上是寬裕。

2.資金的運用情形如何

某段期間內調度而來的資金該如何運用？藉此信息掌握整體資金流向。現以 B 公司為例：

(1)現金流入為 600，其中保留盈餘為 400，非資金費用為 200。

(2)期末的淨值運轉資金為 4700，前期的淨值運轉資金為 3800。因此，運轉資金增加額為 900，內容包括由應付債務調度而來的 1200，及由於應付債權及存貨而增加的 2100。

(3)作為營業活動以外運轉資金所需因而增加的短期借款 2200。

(4)設備投資 2100，再加上長期借款的還款 500，故設備資金不足 1700，不足部份以運轉資金支持。

由以上情形得知，B 公司由於運轉資金增加、設備資金平衡失調，因而招至短期借款增加的結果。

3.運轉資金的均衡狀態如何

藉由資金運用表中運轉資金的增加內容，掌握運轉資金的均衡。就 B 公司而言，實際運轉資金之所以增加 900 的主要原因，在於商品存貨增加了 1300 所致。

4.支付能力是否還有餘力

掌握支付能力的指標為流動比率及速動比率。B 公司的流動比率，前期為 103.0%，本期為 96.0%；前期的速動比率為 87.7%，本期則為 76.5%，故 B 公司的支付能力已沒有餘力可言。

5.借款是否過多

短期借款是爲了塡補運轉資金之不足，長期借款則爲設備投資的調度來源。以 B 公司爲例，設備投資 15000，其中調自自有資本的部份爲 2250，由借入資本調度而來的是 3750。另外，運轉資金的運用爲 17800，其中應付債務及未繳納營利事業所得稅可提供的資金爲 2150，差額 6650 就由借款調度。但是，設備投資所需的借入資本爲 3750，而長期借款爲 3000；運轉資金需由借款調度的部份爲 6650，而短期借款卻爲 7400。故借款的均衡已遭破壞。就資金維持均衡狀態的立場而言，的確需將短期借款及長期借款明確劃分。但在現實方面，由於經濟現況、金融情勢、金融機構等都具有相關性，所以很難完全做到這種劃分。但至少還是可以由借款依存度來掌握這種狀況，一般而言，借款依存度超過 3 個月就必須注意了。

6.借款的償還能力如何

借款可區分爲二：彌補運轉資金不足部份所需的短期借款，及設備投資所需的長期借款。設備投資的償還來源爲保留盈餘及折舊費用。如果保留盈餘在償還長期借款之後還有剩餘的話，亦可用來當作運轉資金的還款來源。以 B 公司的情形來看，現金流入 600，長期借款的償還與建築物的獲得共需 1700，不足的 2100 則由原本應做爲運轉資金所需的短期借款來調度。

7.不良債權及滯銷存貨是否增加

從資金運用表及資產負債表中掌握不到呆帳損失及不良存貨的狀況，所以當回收期間及存貨滯銷日數延長時，就需依客戶別、商品別查核債權管理情形及存貨內容。

8.設備投資是否有不當之處

在進行設備投資的分析時，要留意固定比率、固定長期適合率及內部融資比率。在這裏要談的是內部融資比率，內部融資比率是用來評估該期間所做的設備投資，有多少是靠自有資本來供應的？如果內部融資比率在 50%以下，就表示設備投資額中有一半以上是依賴借入資本。因此，該項設備投資應視為不妥。

內部融資比率＝（保留盈餘＋折舊費用）÷固定資產投資額×100%

表 6-2　B/S 與資金運用表的徹底分析 1

表 a　資產負債表					
資產	前期	本期	負債資本	前期	本期
流動資產	15500	17800	流動負債	15050	18550
現金存款	2000	2200	應付票據	4300	5300
應收票據	6500	6800	應付帳款	5400	5600
應收帳款	4700	5200	借　　款	5200	7400
存　　款	2300	3600	未付稅金	150	250
固定資產	14000	15000	固定負債	3500	3000
建　築　物	14000	15000	長期借款	3500	3000
			負債合計	18550	21550
			資本	10950	11250
			資　本　金	10000	10000
			公　積　金	600	800
			本期利益	350	450
資本合計	29500	32800	負債・資本合計	29500	32800

備註：營業額　　　前期 46000，本期 50000

1.手邊現有資金

　本期現金存款 2200÷(本期營業額 50000/12)＝0.5 個月

2-1 現金流入

　保留盈餘 400＋非資金費用 200＝600

2-2 淨值運轉資金的增加

　應付債務 1200－(應收債權增加 800＋存貨增加 1300)＝▲900

續表

2-3 借款增加
　　短期借款 2200＋長期借款▲500＝1700
2-4 設備資金的不足
　　設備投資 1200＋長期借款還款 500＝1700
3.存貨
　　前期 2300　　　本期 3600　←商品增加 1300，存貨太多
4.支付能力
(1)流動比率(流動資產÷流動負債)：
　　前期：15500÷15050×100%＝103.0%
　　本期：17800÷18550×100%＝96.0%
(2)速動比率(速動資產÷流動負債)：
　　前期：(2000＋6500＋4700)÷15050×100%＝87.7%
　　本期：(2200＋6800＋5200)÷18550×100%＝76.5%

表 b　資金運用表

1.週轉資金運用表
(1)營業活動所需運轉資金
①利益及非資金費用

利益		700	
稅金	150		
紅利	100		
董監事酬勞	50	300	400
折舊費		200	600

②增加運轉資金

應付票據增加	1000		
應付帳款增加	200	1200	
應收票據增加	300		
應收帳款增加	500		
商品增加	1300	2100	▲900

(2)營業活動以外所需運轉資金

短期借款增加	2200
週轉資金增加	1900

2.設備資金運用表

償還長期借款	500	
購置建築物	1200	1700
現金存款的增加		200

表 6-3　B/S 與資金運用表的徹底分析 2

表 a　B/S					
資產	前期	本期	負債資本	前期	本期
流動資產	15500	17800	流動負債	15050	18550
現金存款	2000	2200	應付票據	4300	5300
應收票據	6500	6800	應付帳款	5400	5600
應收帳款	4700	5200	借　　款	5200	7400
存　　款	2300	3600	未付稅金	150	250
固定資產	14000	15000	固定負債	3500	3000
建　築　物	14000	15000	長期借款	3500	3000
			負債合計	18550	21550
			資本	10950	11250
			資　本　金	10000	10000
			公　積　金	600	800
			本期利益	350	450
資本合計	29500	32800	負債・資本合計	29500	32800

備註：營業額　　前期 46000，本期 50000

1.借款用途

	運用	調度
(1)設備投資	15000	自有資本 11250　向借入資本調度 3750
(2)運轉資金	17800　應付債務 10900	未付稅金 250　自借款調度 6650

(3)借款依存度(借款額÷營業額月平均)：(7400＋3000)÷(50000/12)＝2.5 個月

2.借款的償還能力

	運用	調度
設備投資資金流程	建　築　物 1200	現金流入　600
	償還長期借款　500	短期借款 1200

3-1 應收債權
・回收期間：前期(89 日)　　　本期(88 日)
・不良債權：客戶區分

3-2 存貨
・存貨停留日數：前期(18 日)　　本期(26 日)
・滯留存貨：依商品別區分

4.設備投資分析
(1)內部融資比率 600÷1200＝50%
(2)固定比率 15000÷11250＝168.7%
(3)固定長期適合率 15000÷(11250＋3000)＝150.3%

續表

表 b　資金運用表			
1.週轉資金運用表			
⑴營業活動所需運轉資金			
①利益及非資金費用			
利益		700	
稅金	150		
紅利	100		
董監事酬勞	50	300	400
折舊費		200	600
②增加運轉資金			
應付票據增加	1000		
應付帳款增加	200	1200	
應收票據增加	300		
應收帳款增加	500		
商品增加	1300	2100	▲900
⑵營業活動以外所需運轉資金			
短期借款增加		2200	
週轉資金增加		1900	
2.設備資金運用表			
償還長期借款		500	
購置建築物		1200	1700
現金存款的增加		200	

心得欄 ┄┄┄┄┄┄┄┄┄┄┄┄┄┄┄┄┄┄┄┄┄┄

第三節 藉資金異動表觀察「金錢流向」

　　將表示業績活動狀況的損益表內收支部份歸納整理加以分類，製作成資金異動表，就可以看出資金的整個流向。公司的業績有經常損益和特別損益之分；相同地，在製作資金異動表時，也要將公司的資金區分成經常收支和非經常收支，更可進而將非經常收支再細分為設備等的收支和財務收支兩部份。

1.經常收支

　　計算一定期間內的經常收入及經常支出以求出經常收支。經常收入要加上營業收入及營業外收入。現在，企業所採取的會計原則都是發生主義而非現金主義，也就是說，損益表上的營業額是指售出的金額，而非已回收的貨款金額。因此，在計算營業收入時，營業額部份還需加減期初及期末的應收債權。

　　營業收入＝期初應收債權＋營業額－期末應收債權

　　而經常支出則包括費用支出和營業外支出，費用支出的計算方式為：

　　費用支出＝銷貨成本＋經費－非資金費用＋存貨增加額
　　　　　　　－應付債務增加額

2.設備收支

　　計算設備投資相關的收入與支出。有關設備投資的收入包括固定資產出售款、投資有價證券出售款等。

3.財務收支

計算財務相關的收入與支出；收入部份包括借款增加，而支出部份則包括稅金、紅利、董監事酬勞等。

接下來就以 B 公司為例來製作資金異動表。

首先看的是經常收支的部份：營業額 5 萬，營業收入為營業額 5 萬，減去應收債權的增加額 800（內容明細為前期應收票據與本期應收票據的差額 300，再加上前期應收帳款與本期應收帳款的差額 500 的合計），即為 49200。

費用支出為銷售成本 4 萬，加上經費 9300，減去折舊費用 200，再加上本期存貨的增加額 1300（亦即本期存貨與前期存貨的差額），然後再減去本期應付債務的增加額 1200（即本期應付債務與前期應付債務的差額），得出的結果為 49200。從以上內容得知，B 公司的經常收入為零。

經常收入與經常支出的比例稱為經常收支比率，其計算式：

$$經常收支比率＝經常收入÷經常支出×100\%$$

經常收支比率原則上以 100%以上為佳，但是光憑此項比率並無法得知經常收入的增加，是否有特別促銷或以拋售方式應急的因素在內；而經常收支的減少，是否因貨款支付暫時延後？這也無法得知。

附帶一提的是，經常收支比率和「週轉率」有相當密切的關係。應收債權和存貨的週轉期間延長，經常收入就會減少，支付能力也會降低；反之，應付債務的週轉期間延長，經常支出就會減少，而支付能力則會增加。

圖 6-3　根據 P／L 及 B／S 製作資金異動表

P／L	
科目	金額
營業額	50000
銷貨成本	40000
(期初商品)	2300
(本期進貨)	41300
(期末商品)	3600
銷貨毛利	10000
經費	9300
稅前利益	700

B／S					
資產	前期	本期	資產	前期	本期
流動資產	15500	17800	流動負債	15050	18550
現金存款	2000	2200	應付票據	4300	5300
應收票據	6500	6800	應付付款	5400	5600
應收帳款	4700	5200	借款	5200	7400
存款	2300	3600	未付稅金	150	250
固定資產	14000	15000	固定負債	3500	3000
建築物	14000	15000	長期借款	3500	3000
			負債合計	18550	21550
			資本	10950	11250
			資本金	10000	10000
			公積金	600	800
			本期利益	350	450
資本合計	29500	32800	負債·資本合計	29500	32800

自×年×月×日至×年×月×日
資金異動表

經常收支部份
(1)銷貨收入　　　　　49200
　營業額　　　　50000
　應收債權增加
　應收票據　　300
　應收帳款　　500　　800
(2)費用支出　　　　　49200
　費用合計
　　銷貨成本 40000
　　經費　　　9300　49300
　非資金費用
　　折舊費用　　　　200
　存貨資產增加　　　1300
　應付債務增加
　　應付票據 1000
　　應付帳款　200　1200
(3)經常收支　　　　　　0
設備收支部份　　　　1200
財務收支部份
(1)借款　　　　　　　1700
(2)外部流出　　　　　300
　稅金　　　150
　紅利　　　100
　董監事酬勞 50
前月現金存款　　　2000
本月現金存款　　　2200

1.營業額 50000－應收債權增加 800
2.應收票據 300　　　　應收帳款 500
　前期 6500　本期 6800　前期 4700　本期 5200
3.費用合計 49300－非資金費用 200＋存貨增加 1300
　－應付債務增加 1200
4.存貨增加 1300
　前期 2300　本期 3600
5.應付票據 1000　　　　應付帳款 200
　前期 4300　本期 5300　前期 5400　本期 5600
6.借款 1700
　短期借款 2200　　償還長期借款 500

那麼，話說回來，設備收支為 1200，系由本期的固定資產 15000，加上折舊費用 200，再減去前期固定資產 14000 之所得。而財務收支 1700，則為短期借款增加 2200 與長期借款減少 500 的合計。

心得欄 -

- -

- -

- -

- -

- -

第7章

簡易的資金週轉表

第一節　資金週轉表的製作方法

一、資金週轉表的思考方式

資金週轉表是將某段期間內的營業活動相關資金，按照收入項目與支出項目區分，以表示該段期間收支狀況的計算表。若將公司的業務往來歸於現金主義而非發生主義，藉以掌握現金存款的收支情況及餘額的話，則思考方式與「家庭收支簿」完全相同。

$$餘額＝轉入額＋收入－支出$$

此公式是基本原則，然後將收入與支出區分出來，再按照主要科目別記入收入項目及支出項目中，這就是按照四分法做出的資金週轉表。

1. 月初現金現額（前月轉入額）

從上個月轉入的現金及存款餘額。

2. 該期間發生的收入項目

包括銷貨收入中的現金銷貨、應收帳款回收的現金、應收票據到期入帳、票據貼現入帳，以及與財務收支相關的借入款、有價證券售出所得等。

圖 7-1　資金週轉的結構

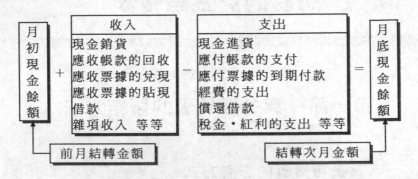

3. 該期間發生的支出項目

實際有資金支付者。如現金進貨、應付帳款的支付、應付票據到期支付、經費支出、借款償還、稅金、紅利支出等。

4. 月底現金現額（次月結轉額）

轉入隔月的現金及存款餘額。

這種形式簡單明瞭，但由於無法辨識營業活動資金與財務活動資金的區別：因此，接下來再進一步採六分法制作資金週轉表。如表 7-1 所示，按照前月轉入、經常收入、經常支出、差額、財務收支、次月結轉等六項目區分。這種資金週轉表的優點有二：

表 7-1　**資金週轉表**

項目 ＼ 月別	月 (預算・實績)	月 (預算・實績)	月 (預算·實績)
前月結構(A)			
經常收入 — 銷貨貨款 — 現金銷貨			
經常收入 — 銷貨貨款 — 回收應收帳款			
經常收入 — 銷貨貨款 — 應收票據到期兌現			
經常收入 — 銷貨貨款 — 票據貼現			
經常收入 — 雜項收入			
經常收入 —			
經常收入合計(B)			
經常支出 — 進貨貨款 — 現金進貨			
經常支出 — 進貨貨款 — 支付應付帳款			
經常支出 — 進貨貨款 — 應付票據付款			
經常支出 — 薪　資			
經常支出 — 營業經費			
經常支出 —			
經常支出合計(C)			
差額(A＋B－C)			
財產收支 — 償還借款			
財產收支 — 借　款			
財產收支 —			
結構次月金額			

⑴可計算出經常收入與經常支出的差額並做對照；

⑵由於將財務收支欄位獨立，因此可掌握營業活動收支與財務收支的個別情形。

還有另外一種資金週轉表，其優點是有助於資金分析，同時為了能更加掌握詳細的資金動向，故不以收支項目歸類，而以資金發生的原因分類檢討，也就是按照因營業活動而發生的經常收支與因營業外活動所發生的非經常收支來區分，以期達到資金分析的目的。

二、資金週轉表的樣式

最初的資金週轉表可分成資金週轉實績表(現金流量表)與資金週轉計劃表二種，也有依製作期間分為年度、半年、月份，甚至以旬、週為單位者。一般而言，應收帳款、應付帳款及薪資、各項經費之付款，通常都一個月一次，所以月別資金週轉表也是最普遍的。

一般在向銀行等處要求融資時，銀行都會要求提出資金週轉實績表《現金流量表》及資金週轉計劃表。此時，大都按照指定格式填寫即可。但做為資金管理所採用的資金週轉表格式則不拘，只要包含以下幾項重點即可。

1.容易瞭解、易於掌握資金動向

2.格式勿過於複雜、應簡單明瞭

3.可輕易預測未來

4.實績與計劃的對照

三、資金週轉表的三種製作方法

資金週轉表功用在於協助訂定未來的資金計劃。預測未來資金需求或訂定未來計劃時，必須從掌握實績開始。以下是根據帳簿傳票分類整理製作而成最具代表性的三種方法：

1.根據會計傳票製作

各種傳票有各種相關的會計制度，但基本上最常採用的是三傳票制。

(1)現金存入傳票——處理現金存入的傳票

(2)現金支出傳票——處理現金支出的傳票

(3)轉帳傳票——處理非現金交易的傳票

為使轉帳傳票可清楚區分資金交易傳票及轉帳交易(非現金交)傳票，不妨以紙張顏色使其更容易辨識。將現金存入傳票、現金支出傳票、轉帳傳票中的資金傳票加以分類、歸納，作成資金週轉實績表。這個方法是製作資金週轉表最正確的方法，但由於需要集中所有與資金有關的傳票，所以也較費時。

2.根據合計餘額試算表製作

每家公司每個月都應該會製作月別決算數據的試算表。因此，從每個月的合計餘額試算表中，去掉資金交易以外的項目即可作成資金週轉表。所以，要先製作出在資金運用表單元中曾提到過的資金試算表，然後再將非資金交易的項目剔除並加以修正。這種製作方式較為簡單，但問題在於合計餘額試算表的精確度，以及從資金試算表中剔除的非資金交易項目之準確

度都有待商榷。

3.根據帳簿製作資金週轉表

營業活動的所有交易都應記入總分類帳及輔助帳簿裏，因此，將記錄內容依照資金週轉表的項目(資金項目)，個別分解填入即可作成資金週轉表。

舉例來說，現金、存款交易內容出自現金出納帳及存款出納帳；有關票據交易內容出自應收票據帳及應付票據帳；有關應收債權、應付債務的交易內容則出自客戶別總帳；有關經費支出的交易內容，則參考經費明細表而來。

四、實際製作資金週轉表

接下來，在此就以 C 公司的資產負債表、損益表、回收實績表、支付實績表爲例，嘗試製作該公司的資金週轉實績表。在此，是以合計餘額試算表」來製作該表。

如大家所知，合計餘額試算表系根據會計原則將所有交易按照簿記程序記入而成，所以根據合計餘額試算表製作資金週轉實績表時，應直接將與現金交易無關的項目剔除。

接著，就根據「回收實績表」來瞭解應收債權的回收狀況，再根據「支付實績表」來明瞭應付債務的內容，並以該二表爲依據，製作出可表示交易內容的表格。現在，話題暫時轉到簿記會計這種枯躁的內容，請諸位稍爲忍耐。請參考表 7-2、表7-3。

表 7-2　資金週轉實績表的製作 1

表 a　資產負債表（單位：千元）

科目	前月	本月	科目	前月	本月
現金存款	13000	16000	應付票據	20000	21000
應收票據	14000	23000	應付帳款	21000	23000
應收帳款	12000	25000	借　款	0	20000
商　品	18000	27000	資本金	30000	30000
建築物	24000	23000	公積金	24000	20000
土　地	10000	10000	利　益	0	10000
合　計	91000	124000	合　計	91000	124000

表 b　損益表（4.1～4.30）

科目	金額	計算方法
營業額	100000	①
銷貨成本	70000	②＝③＋④＋⑤
（月初商品）	(18000)	③
（本月進貨）	(79000)	④
（月末商品）	(27000)	⑤
銷貨毛利	30000	⑥＝①－②
經　費	20000	⑦
本月利益	10000	⑧＝⑥－⑦

表 c　回收實績表

科目		金額	計算式
前月債權	應收票據	14000	①
	應收帳款	12000	②
	計	26000	③＝①＋②
本月營業額		100000	④
回收	現金回收	40000	⑤
	票據回收	47000	⑥
	計	87000	⑦＝⑤＋⑥

續表

資 金 化	應收帳款回收	40000	⑧＝⑤
	應收票據到期入帳	38000	⑨
	計	78000	⑩＝⑧＋⑨
本月債權	應收票據	23000	⑪＝⑤＋⑥－⑨
	應收帳款計	25000	⑫＝②＋④－⑦
		48000	⑬＝③＋④－⑩

備註：（前月債權＋本月營業額）－資金化＝本月債權

表 d　支付款實績表

	科目	金額	計算式
前月債權	應收票據	20000	①
	應收帳款	21000	②
	計	41000	③＝①＋②
本月營業額		79000	④
回　收	現金回收	42000	⑤
	票據回收	35000	⑥
	計	77000	⑦＝⑤＋⑥
資 金 化	應收帳款回收	42000	⑧＝⑤
	應收票據到期入帳	34000	⑨
	計	76000	⑩＝⑧＋⑨
本月債權	應收票據	21000	⑪＝⑤＋⑥－⑨
	應收帳款	23000	⑫＝②＋④－⑦
	計	44000	⑬＝③＋④－⑩

備註：（前月債權＋本月營業額）－資金化＝本月債權

表7-3 資金週轉實績表的製作2

表a 資產週轉細算表

科目	餘額試算表						資金週轉表			
	月初餘額試算式		月中交易		月底餘額		非資金交易的修正		資金交易	
	借方	貸方	借方	貸方	借方	貸方	借方	貸方	借方	貸方
現金存款	13000		98000	95000	16000				13000	16000
應收票據	14000		47000	38000	23000			47000	38000	
應收帳款	12000		100000	87000	25000		47000	100000	40000	
商　　品	18000		27000	18000	27000		18000	27000		
建 築 物	24000			1000	23000		1000			
土　　地	10000				10000		35000			34000
應付票據		20000	34000	35000		21000	79000	35000		42000
應付帳款		21000	77000	79000		23000			20000	
借　　款		0		20000		20000				
資 本 金		30000				30000				
公 積 金		20000				20000	100000			
營 業 額				100000		100000	27000	18000		
本月進貨			97000	27000	70000			79000		19000
經　　費			19000		19000					
折舊費用			1000		1000			1000		
合　　計	91000	91000	500000	500000	214000	214000	307000	307000	111000	111000

資金周轉表

科　　目		金　　額	計算方法
前月轉入金		13000	①
收　入	應收賬款回收	40000	②
	應收票據到期兌現	38000	③
	計	78000	④ = ② + ③
支　出	應付賬款支付	42000	⑤
	應付票據到期支付	34000	⑥
	經費支出	19000	⑦ = ⑤ + ⑥
	計	95000	⑧ = ⑤ + ⑥ + ⑦
差　額		△17000	⑨ = ④ － ⑧
借　款		20000	⑩
下月結轉金		16000	= ① + ⑨ + ⑩

1. 非現金交易項目的扣除

(1)應收帳款中以票據回收的部份

借方：應收票據 47000　　貸方：應收帳款 47000

(2)銷貨額全部以應收帳款記帳

借方：應收帳款 10000　　貸方：銷貨額 100000

(3)月初及月底將存貨列入銷貨成本

借方：商品 27000　　貸方：進貨 27000

借方：進貨 18000　　貸方：商品 18000

(4)提列建築物的折舊費用

借方：折舊費用 1000　　貸方：建築物 1000

(5)應付帳款中以票據支付的部份

借方：應付帳款 35000　　貸方：應付票據 35000

(6)進貨全部以應付帳款記帳

借方：進貨 79000　　貸方：應付帳款 79000

2. 資金週轉實績表的製作

(1)前月轉入額：月初現金・存款餘額 13000

(2)收入：應收帳款中回收現金 40000 及應收票據到期入帳 38000

(3)支出：應付帳款中，以現金支付的部份為 42000、應付票據到期付款 34000、現金支付費用 19000

(4)借款：借款增加 2000

(5)次月結轉額：月底現金・存款餘額 16000

五、資金週轉實績表該如何評估呢

接下來，就讓我們來檢討這份完成的 C 公司資金週轉實績表。請參照表 7-3。

1.資金收支狀況

本月份收支狀況：經常收入 78000、經常支出 95000，故資金支出方面不足 1700，經常支出比率爲 82.1%，狀況不甚理想。

2.資金不足的原因

該月份營業額 10 萬，回收率 87.0%，前月應收帳款餘額爲 12000、該月應收帳款餘額爲 25000，故該有應收帳款增加 13000。另外，資金化率爲 78.0%，應收票據餘額較前月增加 9000；由此得知，資金不足的首要原因爲應收債權增加。

接著來看支付狀況，該月進貨額爲 79000、支付金額爲 77000，資金化的部份爲 76000，故進貨部份幾乎全額由現金支付，此爲造成資金不足的第二原因。

3.資金不足部份的應對

經常收支不足的 17000 由借款來支持。

4.今後的對策

從資金週轉表中可以掌握當月份公司裏資金進出的總額，但是即使掌握了現金收支的情形及得知資金之不足，卻也無法分析出實際上資金究竟增加了多少？運用到什麼地方去？因此，在草擬今後的對策時，請連同依據資產負債表、損益表而作成的資金運用表及資金異動表也一併列入考慮。

第二節 資金計劃表的製作方式

一、掌握資金籌措狀況

資金週轉計劃是一種考慮資金籌措狀況如何，也就是基於「量入為出」原則來做安排的一種方式。舉例來說，若想多賺一些錢，就必須提高營業額：而要想提高營業額，就需購入更多的商品，應付帳款及存貨當然也相對增加——一言以蔽之，就是要增加週轉資金。如此一來，獎金、稅金、紅利等一年約一、二次的支出也會隨之增加。類似這種情形，資金的增減並非每個月都會發生。

這項支出可能集中在某一月份，一年只發生一次，金額也不固定，所以自然就會產生這些增加的週轉資金該如何去籌措的問題了。

因此，要想按照年度經營計劃來調節某段期間內的資金供需情況，每個月的資金週轉計劃表就成了相當重要的基本數據。

不僅是在資金方面，一般若要訂定計劃，就必須先檢討實績，所以在製作資金週轉計劃表時，就必須有各類帳簿的配合。

1.現金出納帳

用以確認現金出入的總額並掌握現金餘額。

2.支票存款收納帳

用以掌握所有支存往來銀行之支票進出總額及存款餘額，必要時還必須核對存款餘額是否與帳簿上的金額相符。

3.其他存款帳

依銀行別掌握活期存款、定期存款等各類存款的餘額。

4.應收票據記錄帳

與總分類帳不同，將應收票據的明細兌現金額，以及經由票據貼現額度、兌現金額的管理，掌握所有票據的來龍去脈。

5.應付票據記錄帳

按照支票開立的順序與應收票據同樣做詳細記錄。如果往來銀行家數很多，則需注意銀行名稱，絕不可弄錯，最好能將支票影印留底備查爲佳。

6.客戶總帳及回收實績表

客戶別總帳是以記錄各客戶應收帳款餘額爲目的而製作的帳簿。這本帳簿有助於對各家客戶的債權管理，但對資金週轉則較無幫助。因此，若於事前先行做好資金週轉實績表所需之「回收實績表」（表 7-2），則可減少不少時間。而這份表格則是將月別的回收狀況，以總額計算而來的。其內容如下：

⑴前月債權

記錄前月應收債權的餘額。

⑵回收

本月之內可以回收的金額；需劃分爲現金、票據、轉帳等現金回收部份與票據回收部份。

⑶資金化

本月之內可以資金化的金額，必須按照現金等回收部份及票據兌現部份分別登載記錄。

⑷本月債權

記錄本月底之應收債權餘額。

7.廠商別總帳及付款預定表

廠商別總帳系以記錄奮進貨廠商應付帳款餘額為目的而製作的帳簿。因此，如客戶別總帳一般，廠商別總帳是按各進貨廠商名稱記帳的，所以無法掌握整體的狀況。另外，各類帳簿通常都是在月底結帳，而資金週轉所需之付款金額，則必須以請款單上的截止日為合計基準，故最好能先行製作「付款預定表」較為方便，見表 7-4。

表 7-4　付款預定表

進貨廠商	前月轉入之應付賬款	本月發生金額	付款內容						本月應付賬款餘額
			現金	轉賬	支票	與應付賬款等抵銷部份	票據		
							到期日	金額	

8.經費明細表

系用以掌握與經費相關之付款金額的帳簿。但經費中尚包含未實際支出的非資金費用等費用，故需特別留意。

除了上述之外，如預收款、暫收款、暫付款等未記入其他帳簿之收支明細，則以總分類帳管理。另外有關借款的借據、

約定書、工資、酬勞明細表等，亦需加以管理。

　　總而言之，在考慮資金計劃時，最保險的預估方式就是收入盡可能少估一點；反之，支出則盡可能多估一些。

　　做預估計劃時，當然會有期待能多賺一些的心態：但是，就算是些微的收入不足或支出過多，都可能導致資金不足的問題發生，所以在訂定收支計劃時，最好能以「收入最少、支出最多」為基本原則。

二、資金週轉計劃表至少一個月做一次

　　一般所說的「資金計劃」可分成週轉資金計劃及固定資金計劃二種，而這類資金計劃通常都是以 1 年或 6 個月為單位制作。但是，該在什麼時候製作那一段期間的資金計劃表，則必須視公司的資金狀態而定了。如果是才剛成立不久、經營狀況尚不穩定的公司，就有必要每天都加以關心。

　　但是，如果資金週轉平穩順利的公司，則以 6 個月為單位即可。

　　無論如何，要想讓資金計劃達到最佳效果，就至少要一個月做一次；也就是依照月別來訂定資金計劃，見表 7-5。

　　一般所說的月別資金週轉計劃表，系指運轉資金計劃表而言，因為每天所需的資金，才是真正所謂的運轉資金。

　　因此，月別的資金週轉表就是參考各種帳簿，預估一個月份的收支，以便擬訂計劃。寫計劃時，可參照資金週轉實績表，分別對各實績項目加以預測。當然，資金週轉表的樣式因業種

的不同，其計劃訂定方式多少都會有些差異。

表 7-5　月別資金計劃表的製作程序

經常收支計劃	
1.經常收入	(1)現金銷貨 (2)應收賬款的現金回收 (3)應收票據的兌現 (4)票據貼現
2.經常支出	(1)現金進貨 (2)應付賬款的現金支付 (3)應付票據的到期支付 (4)人事費·各經費的支出
非經常收支計劃	
1.財務支出	(1)借款的償還等 (2)發行公司債
2.固定資金	(1)設備投資 (2)股份的取得
3.決算資金	(1)稅金 (2)紅利 (3)董監事酬勞

三、運轉資金計劃表的製作

　　損益表是以發生主義來計算，所以在製作運轉資金計劃表時，必須改採現金主義來預估營業的各項收支情形。

　　至於營業收入必須預估的項目，則有以下幾項：

1. 現金銷貨

在訂定每月的銷貨計劃時，要根據過去的現金銷貨實績，計算出現金銷貨佔總銷貨額的百分比。例如，現金銷貨回收率若為 20%，則可將計劃銷貨額的 20%預估為現金銷貨的收入中。

2. 應收帳款的現金回收率

應收帳款的現金回收率，系參考過去的實績再分別計算出現金回收率及票據回收率。因此，每個月都要製作表 7-2 所示之回收實績表，然後再依據六個月份或一年份的實績值，預估計劃中的回收率。

3. 應收票據的到期兌現

票據回收的部份可區分為到期日兌現的部份及票據貼現二種。此外，有關票據的票期，則可參考應收票據記錄帳。

4. 票據貼現

票據貼現是當運轉資金發生不足現象時的一種資金調度方式。首先，要先計算出營業收支情況，再決定是否要以此種方式調度資金。

營業收入與營業支出同樣都要以過去的實績為基準來做以下的計算。

1. 現金進貨

計算原材料的進貨中以現金支付的部份

2. 應付帳款現金支付的部份

計算應付帳款中現金支付的部份。與應收債權的回收實績表一樣，每月先製作應付債務的付款實績表，並預先計算出應付帳款的現金支付率及票據支付率，如此較為方便。

3.應付票據的到期支付

將應付票據按票期分開,然後從應付票據記錄帳中,計算出每個月票據到期所需支付的金額。舉例來說,票期 120 天的應付票據,就要記載於 4 個月後的資金週轉表中。

4.人事費用及各項經費的支付

經費的支付方式有許多種,例如:在經費發生時即以現金支付、在月底以未付款入帳於次月一次支付、人事費用一般都在薪水支付日支付等等……。另外,如折舊費用等非資金費用並未實際支出,故不在考慮範圍之內。

除此之外,還有所謂的財務收支,首先要記錄借款的還款計劃,然後再計算收支情況;若有資金不足時,再考慮以票據貼現來籌措資金。

四、固定資金計劃表的製作方式

投資設備時一定要依據的不二法則就是:「設備資金需要長時間才可獲得回收,所以必須靠自有資金或長期借款來對應。」換句話說,調度以設備資金為主的固定資金時,可行的辦法只有以下五點:

(1)內部保留盈餘。

(2)折舊費用。

(3)增資。

(4)公司債及長期借款。

(5)以手上現有的運轉資金充當。

因此，固定資金的調度計劃必須依表 7-6 所示的固定資金計劃表進行，而此表則是藉由資金調度與資金運用的差額，計算出固定資產的可投資額。

表 7-6　固定資金計劃表

項目		前期	本期	資金計劃	
				第1案	第2案
固定資金的調度	1.經常利益				
	2.非資金費用				
	(1)折舊費用				
	(2)準備金轉入額				
	3.長期借款增加				
	4.發行公司債及增資				
	合　計				
固定資金的運用	1.決算資金				
	(1)營所稅等				
	(2)紅利入額				
	(3)董監事酬勞				
	2.購置固定資產				
	3.償還長期借款				
	合　計				
充當週轉資金之用					

第三節 （案例）機械公司的籌資有方

一、公司簡介

實業機械公司創立於 1972 年，主要生產抽水泵。柯克先生和斯柯特先生是實業機械公司的創建者，從公司創立日起，他們與同行競爭，直到公司卓然立於行業之林爲止。

避開公司的薄弱環節，實業機械公司採取強有力的行銷策略，在國內國外市場佔取了一方天地。產品的革新、巧妙的籌資策略使實業機械公司成爲抽水泵產業中的一枝獨秀。

二、案例

在 1984 年初，實業機械公司的董事長詹姆斯·柯克先生已經審查完了本公司過去的財務報告和 1987 年的預期財務活動計劃。1987 年末，該公司將有 600 萬美元的應付票據到期，但公司的項目計劃表明，1985 年以後，公司的外部籌資需求將減少。1984 年，公司需籌集 620 萬美元的外部資金，有兩種籌資管道可供選擇：一是向幾家保險公司發行總金額爲 800 萬美元的優先債券，另一個是向社會公眾發行相同金額的普通股股票。下星期，公司將安排一次董事局會議，討論公司可能會出現的項目赤字情況以及這兩種籌資方案的可行性。柯克先生明白，採用增發債券這種籌資方式肯定會引發爭論，因爲公司目前的財務槓杆係數已經較高。所以他決定先與聯邦州立銀行的

實業機械公司的賬目負責人羅伯特·麥考爾先生討論一下這兩種籌資方式的有關情況。

1.市場分析

實業機械公司是一家抽水泵製造商，抽水泵製造業空間狹小，競爭十分激烈。實業機械公司的四家最大的競爭者實力雄厚，它們的銷售額佔了抽水泵市場佔有率的 67%，同時它們在其他的工業設備市場上也很活躍。這些大公司壟斷抽水泵行業已經很多年，已經形成了真正意義上的規模經濟，通過縱向兼併，它們達到了實現多種經營的目的。雖然這些大公司在產品製造成本上具有很大優勢，但是由於害怕被政府指責爲實行掠奪性價格政策，所以它們一般不採取降價戰術來進行競爭。在產業內部，若想保持競爭性的地位，主要通過下列途徑：努力推出性能穩定、價格合理的產品；盡可能提高生產效率；提供良好的售後服務等。

1983 年，抽水泵的銷售市場規模預計可達到 15 億美元，比上年增加了 8%。抽水泵的主要需求者是採礦業和建築業，以這些產業的投資者的預計收益作爲基礎所做的銷售預測表明：1984 年的市場銷售可能提高 10%。基於相同基礎做出的預測表明：抽水泵產業今年所取得的產業發展率可以保持到 1988 年。

產業內部專業人士猜測，政府將在不久的將來，頒佈新的噪音降低標準。現有技術力量可以滿足這一新標準的有關規定，但新標準的頒佈對相關成本、收益的影響程度尚不能判定。

2.銷售歷程

注意到公司在服務組織方面的力量薄弱，柯克先生和斯科

特先實行一種改進的市場行銷政策。這項政策特別強調要爲公
司產品的用戶提供送貨服務和技術幫助，並推行了這一政策，
將公司產品打入地區市場、全國市場以至國際市場，公司在各
地建立了很多銷售辦事處。另外，還有許多獨立的銷售商幫助
推銷公司的產品，彌補公司在其他方面的不足。這些銷售商已
經形成了一個巨大的網路。由於這些因素及公司可觀的生產能
力，自 1979 年以來，公司的銷售額一直保持了 37%的增長率。
現在，公司產品的市場佔有率已經達到 5%。

　　據估計，實業機械公司的銷售增長率要高於同行業平均水
準。預計：1984～1988 年，公司的銷售額可以保持 17%的年增
長率。市場佔有率的擴大，是由於實業機械公司佔領了某些小
公司的銷售地盤，這些小公司一般無力提供良好的服務，生產
能力也不強；同時，國際市場銷售的增加也是公司銷售擴大的
原因之一。實業機械公司積極投身國際市場，它們的產品在世
界上很受歡迎。歐洲分部的銷售額在 1983 年已達到公司銷售總
額的 35%，而在 1981 年只有 10%。在 1982 年，公司在日本和韓
國取得了境外銷售權，銷售經其他公司專利授權的產品。同時，
實業機械公司做了大量實質性工作去開拓非洲市場。

　　在產業內部，實業公司的抽水泵也很受歡迎，公司的科研
力量和技術專長十分有名。同時，公司推出了設備租賃這一服
務項目。這項舉措成功地加深了商業客戶和潛在的顧客對公司
及其產品的瞭解。雖然租賃收入微不足道，但租賃服務直接導
致了很多設備購買交易的發生。

　　公司成功的另一因素在於產品革新。由於採取這一舉措，

實業機械公司的產品具有無與倫比的品質規格和經濟性。例如在 1978 年，實業機械公司通過許可證交易取得了一種新型壓力技術的使用權，這種技術可以縮短停工期，降低維修成本。由於新技術的採用，公司產品性能更加可靠；由於尺寸的縮小、重量的減輕，使新一代抽水泵的組裝成本更低。最近，實業機械公司的研究開發部又向市場推出了一種新型的凝結劑，這種凝結劑的使用壽命更長，操作使用也更加簡易、方便。

雖然新型壓力技術的有益性及專利許可的可獲得性眾所週知，但產業內的主要生產者仍把精力放在早先的產品類型上。在他們看來，更新產品設計所需的不菲的投資會限制自己在其他盈利性更強的領域內發展。

抽水泵的產品生產技術主要是零件的組裝過程。購進的這些零件佔產品生產成本的 80%。實業機械公司所需的大部份零件都能直接從供應商那裏購進。公司自己生產那些市場無法保證正常供給的部件，包括由公司研究開發部所設計的實用新型部件。公司下屬的 250 個生產工廠都設有自己的組織，公司的生產工人可以享受到很多津貼，包括實行彈性工作時間、可以參加利潤分配、免費享用公司提供的副食品和液化氣、免費午餐，以及使用公司各種現代化的娛樂健身設施等。由於最近公司對生產人員進行了小範圍的人員調整，同時兩次組織工會的嘗試都未取得成功，所以員工們對現有的工作環境表示滿意。

公司的管理人員對產業狀況很熟悉，因爲他們以前的職業大都與抽水泵行業關係密切，大家平均在實業機械公司已經工作了 6 年。市場銷售部和產業工程部集中了管理層的大部份力

量。實業機械公司的管理層人員共擁有公司流通股總數的
25%，而且根據公司的股票股利計劃，他們每年還可分到 8000
股公司普通股。

3.財務狀況透析

柯克先生考察了實業機械公司過去 4 年的表現，並發現了
一些對利潤不利的發展趨勢。銷售總額中，產品銷售成本的比
例由 1981 年的 60%上升到 1983 年的 62%。這是因為公司擴大了
國際市場銷售佔有率，而國際銷售的毛利率比較低。然而，公
司直接銷售的產品採用較高的價格，對這種較低的毛利率進行
了部份補償。由於建立了更多的銷售業務辦事處，銷售及管理
費用增加得太快，與銷售額的增長不能保持適當比例。為了滿
足銷售快速增長所引起的資金需求，實業機械公司不得不增加
借款。這樣，每 1 元銷售額中利息費用所佔的比例就增大了。
淨收入的下降是這種趨勢的直接結果，銷售淨利率從 1979 年的
6.3%下降到 1983 年的 3.6%。

同時，柯克先生和斯柯特先生認為實業機械公司流動資產
的管理也不是很有效。最近，應收賬款的增長也比銷售額的增
長快。在 1980 年，一種內部生產能力被介紹應用到公司，這時
公司的存貨週轉期可以保持到 180 天，但現在公司已無法實現
這一確定目標了。即使實業機械公司的流動比率接近於產業平
均水準，但是 1983 年該公司應付賬款的週轉期已延長為 122
天（購貨成本佔全部產品銷售成本的 80%）。信貸服務部報告
說：有 75%的供應商不能及時得到付款，商業信用提供者對公
司不能及時承付也已經感到不耐煩（典型的商業信用條件時間

為 60 天)。

自 1979 年以來,實業機械公司的財務槓桿係數增高得很快。公司的 1430 萬美元的長期負債的組成如下:銀行提供的 700 萬美元的應付票據、對保險公司的 600 萬美元的優先債券,以及銀行提供的 130 萬美元的設備貸款。考慮到銀行所需的 20% 的現金補償餘額,銀行定期貸款的利率定為 8.5%,而保險公司的債券利率為 11.25%,設備購買貸款的利率為 10%。關於可選擇性負債的最主要合約規定:公司的綜合營運資金必須保持在 1000 萬美元以上,公司的負債權益比率不低於 2.1,流動資產至少為流動負債的 175%。

4.資金管道

實業機械公司對保險公司發行的 800 萬美元的優先債券於 1999 年到期,1988 年開始償還,利率大約為 9.25%。新發行的優先債券限制實業機械公司發放現金股利,另外規定,公司購買國庫券的金額不得超過 1981 年 12 月 31 日以後的淨收入合計及股票出售所獲的 300 萬美元的收入之和。同時協議限制提高高級管理人員的報酬。如果實業機械公司處理這些與債務相關的事宜,需支付法律及其他手續費共 25000 美元。

公司投資銀行專業人士建議可以按照每股 15 美元的價格發行 27.5 萬股~58 萬股普通股股票。扣除證券承銷商的傭金,每股公司可得 13.75 美元,與此相關的發行費用為 50000 美元。公司股票的持有相對集中,有 52% 的股票掌握在 49 個人手中,其中很多是實業機械公司領導階層的成員。公司最後一次向社會公眾發行普通股是在 1979 年。

麥考爾先生自 1980 年以來就負責實業機械公司的賬目,所以對公司的狀況十分瞭解。從公司運行之初,聯邦州立銀行就作爲貸款牽頭行。公司對銀行的負債中本期到期的有 360 萬美元的貸款和 400 萬美元的長期應付票據。雖然實業機械公司偶爾會要求增加貸款額度或辦理貸款展期,但雙方的合作關係彼此都還是感到比較滿意的。

爲了做他與董事長的會面準備,麥考爾先生全面審查了實業機械公司 1984～1987 年的財務報告。他提出:據預測,銷售額將以 17%的年增長率保持增長;外部籌資需求在 1985 年會漲到 860 萬美元,而 1987 年會降到 550 萬美元。同時,預測表明,在 1984～1987 年,現有的長期貸款金額會減至 380 萬美元。

至於逐漸降低的獲利能力,麥考爾先生主要考慮利用公司內部資金積累來爲快速增長的銷售提供資金,這樣就可以減少借貸。預期的存貨餘額並不現實,應付賬款項目計劃表明公司對不滿的商業信用提供者並未採用有實質意義的措施。在會議上,麥考爾先生提出了自己對公司預報精確性的疑問。柯克先生承認:在他準備的文件中確實使用了一些應質疑的假設,他現在正著手準備一份新的預測報告。

然後,大家將問題的討論焦點轉到可選擇的籌資管道上。在介紹債券籌資方式時,麥考爾先生指出實業機械公司的收益足以償付現有的及預期將增加的負債;但他同時還指出,較高的利息支出將導致公司盈利能力的下降。現在,實業機械公司普通股的市盈率爲 9,而在 1980 年,公司的市盈率曾達到 17。

麥考爾先生提出,相對較低的市盈率可能會對投資者產生

影響。他們會仔細考慮財務槓桿程度的穩定提高和與之相關的每股收益所受的風險。投資者們認識到，在銷售高速增長的時期，實業機械公司已無法保持他的利潤水準，並且他們懷疑預定的較慢的增長率能否逐步提高。麥考爾先生認爲，如果這種趨勢持續下去的話，實業機械公司就應謹慎地考慮發行股票，從而降低資本結構中負債的比重這一籌資方式。這種行爲過程可以降低與收益相關的風險，並有可能在將來使市盈率增高，公司的舉債能力得以保留，從而可以提高公司將來的財務彈性。另外，據預測，1984～1985 年期間利率有可能下降。

　　相反，如果發行債券就會耗盡公司的舉債能力，而且會給公司現有的及潛在的持股人帶來額外的風險，結果，公司的市盈率就會下降。麥考爾先生認爲：選擇發行債券的籌資方式可以提高每股收益，但是要比低風險的籌資方式對權益市場帶來的不利影響嚴重。柯克先生並不完全贊成銀行對股價的評估，但是他確實也注意到產業內部財務槓桿係數較低的其他幾家公司都有比較高的市盈率。柯克先生將根據自己修訂後的公司財務計劃和相關分析向董事會介紹有關情況。

　　目標必須根據利益和需要來確定，他們不能基於一種權宜之計，或迎合經濟浪潮。換句話說，管理企業不能依靠「直覺」。

　　當然，作爲財務運營的重點之一的籌資也不能靠「直覺」，具體的分析是決策的基礎。因此，提出多種籌資方案，進行權衡對比，進而採納最佳方案，這對於企業來說是十分有必要的。

第 *8* 章

令人安心的錢滾錢法則

第一節　讓員工徹底瞭解經營目標

一、減少借款並非最佳方法

　　理所當然地，公司的人、事、信息等都是經營資源的一部份。所以要想輕輕鬆鬆操作資金，也唯有借著熟練的經營管理，方能造就出充裕的資金。因此，我們可以說：「謀求資金的週轉方法和謀求管理之道乃殊途同歸。」

　　要使公司的經營更上層樓、業績蒸蒸日上，明確的經營方針和理念是不可或缺的要素。沒有前瞻性的眼光，只注重短期計劃、一味追求眼前的近利，如此不僅無法具體實現企業經營理念，同時還會在環境的變遷中遭到淘汰。

　　企業要能隨著環境的變遷調整腳步，確實掌握事業先機，

訂定得以避免可能發生危機的「中、長期計劃」才是永續經營的態度，但最重要的還是明確訂定經營目標才是。另外，有關資金週轉一事，我們同樣不僅要減少借款、提高自有資本比率；最重要的還是短、中、長期經營目標的明確化，進而擬定短、中、長期的具體方案以達成目標。

二、將公司目標分別落實在每位員工的目標裏

要想提升公司的經營內容、豐富公司的可用資金，光靠財務部門的努力是不夠的，重要的是要提升每位員工的「士氣」。那麼，提升員工「士氣」的最佳方法又是什麼呢？就是將大家的目標「明確化」，否則無論有多麼週全的心理準備也無法推動人心。人的原動力要在目標確定之後，才可能發揮出來。

若想提升公司組織績效，就必須結合公司目標及個人目標，融合創造出共有的目標。

一般說來，要想決定共同目標，可按照以下順序進行：

1.由最高領導階層訂定公司目標，並發表之。

2.公司目標決定之後，各部門主管根據公司目標自行訂定各部門的目標，並向最高領導階層報告。

3.最高領導階層檢討各部門所提出的個別目標。

4.最高領導階層與各部門主管個別檢討，達成共識後，訂定各部門的目標及評分標準。

5.各部門主管再與其部屬討論,訂定每一個人的個別目標。

如此一來，公司的目標就能完全落實在每位員工的目標

裏。舉例來說，目前應收債權的回收期間為四個月，多久之後要縮短成幾個月？責任部門的歸屬、對客戶的應對方式為何？——這些都需先設定出具體的目標才行。

表 8-1 全體目標及部門目標

全體目標			
項目	前前期	前期	本期目標
1.營業額	千元	千元	千元
2.本期利益	千元	千元	千元
3.平均每人附加價值	千元	千元	千元
4.平均每人所得利益	千元	千元	千元
5.勞動分配比率	％	％	％
6.自有資本比率	％	％	％
7.損益兩平點比率	％	％	％

部門目標				
項目		前前期	前期	本期目標
銷 售 部 門	(1)營業額	千元	千元	千元
	(2)貢獻利益	千元	千元	千元
	(3)平均每人營業額	千元	千元	千元
	(4)應收債權滯留日數	日	日	日
	(5)開發新客戶	店	店	店
	(6)回收率(現金回收率)	％	％	％
	(7)銷售經費	千元	千元	千元
生 產 部 門	(1)訂貨額	千元	千元	千元
	(2)生產額	千元	千元	千元
	(3)存貨滯留日數	日	日	日
	(4)附加價值率	％	％	％
	(5)成本降低率	％	％	％
	(6)勞動裝備率	％	％	％

		千元	千元	千元
研究開發部門	(1)研究開發費	千元	千元	千元
	(2)專利申請件數	件	件	件
	(3)新產品開發件數	件	件	件
	(4)新產品營業額	千元	千元	千元
會計財務部門	(1)借款減低額	千元	千元	千元
	(2)自有資本比率	%	%	%
	(3)金融收支額	千元	千元	千元
	(4)應收債權、存貨、日數	日	日	日
	(5)月別決算完成日	日	日	日
人事部門	(1)職員人數	男（　人）女（　人）	男（　人）女（　人）	男（　人）女（　人）
	(2)人事費用總額	千元	千元	千元
	(3)新進職員人數	男（　人）女（　人）	男（　人）女（　人）	男（　人）女（　人）
	(4)總勞動時間	小時	小時	小時
	(5)出勤率	%	%	%
	(6)加班時間	小時	小時	小時
	(7)安全日數	日	日	日

三、「目標達成檢討表」的製作方式

經營目標確定之後，接著就要將這些目標納入企業組織裏，並配合企業活動隨時訂立出一些較科學化、合理化的檢討結構。我們經常可以看到有些經營者常有一雖已訂立目標，但仍無法有效管理一的困擾。如果光是訂定目標那就毫無意義，必須經常審核目標進行到什麼程度，如果認爲目標法達成，則

須迅速找出問題點，並立即尋求對策。所以，若想藉由檢視功能發揮效果，就需在自我責任經營的體系中，建立一套能自動自我控制的系統。

圖 8-1　目標管理的步驟

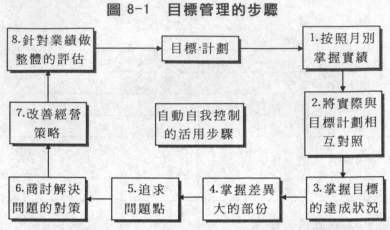

所謂自動自我控制系統，是指各部門能夠自動地、自主地改善、調整評估的架構，進而主動發掘每個人的創造力、激發每個人的向上力，同時發現缺點、問題點的一個組織。換句話說，各部門依據自我責任經營的理念從事工作時，必須先架構以下幾個組織體系：

(1)以長期經營目標爲依據。

(2)制定各部門的共識目標。

(3)構築計劃體系。

(4)每月製作計劃，並與實績對照。

(5)每月召開經營檢討會議，檢討計劃的進度。

(6)探討有關改善問題點的對策。

舉例來說，以「提高自有資本比率，強化財務體質」爲企

業經營的目標時，首先要先制訂出「時限」及「百分比」，然後根據這個目標數據，訂定各部門的具體行動計劃。至於依計劃施行的具體項目，其目標達成率有多少？則需由各部門自行檢討，謀求各自所需的對策以期達成目標。

第二節　水壩式經營法

一、企業成長的五項必備條件

相同的業者在相同的外在環境下，爲什麼會有「成長企業」及「夕陽企業」之別呢？這雖然與每位員工的能力之差無關，但論及企業組織，就有相當大的差異了。

企業成長的條件及因素有許多，但其主要的共通點則有以下幾項：

1.經營理念的明確化及經營方針的共識化。

2.創造出企業家精神所必備的組織色彩及企業文化。

3.擬訂提高主力商雖局附加價值的策略。

4.獨特、創新的銷售方法。

5.貫徹完全自有資本經營的理念。

其中最重要的就是第五項。公司的經營會依其業種、規模、成長度等而許多下同的必備條件。但是，從穩定經營的資金面來看，則是以自有資本經營爲首要條件。

　　直至今日為止，日本經濟多半是以「不斷成長」為背景之「營業額至上主義」來經營的，但是從現在起，必須改變這種想法了。

　　如今最重要的不單是靠借款來擴大公司業務，而是要從依賴「借入資本型」轉變成以加強自有資本為中心的「提高收益型」才是最重要的目標。

二、學習松下電器的水壩式經營法

　　如果是實行自有資本中心主義的經營法，可歸納成下列幾個步驟：

1.增加自有資本

　　確保一定程度的收益、尋求股東投入股款。

2.以自有資金獨資設設備

　　要想以自有資金投資設備，就必須從成長面來考慮重視收益性的經營方式。

3.無借款經營

　　如果能夠完全以自有資本作為設備資金的話，進而再以自有資金作為運轉資金，即可實踐無借款經營的目標。

4.集中運用手邊的流動資金

　　若能徹底實踐無借款經營原則，並且完完全全實行自有資本中心主義的話，那麼彙集手邊資金的理想便可以達成。充實保留盈餘，每年訂定提存多少資金的目標，實現公司一元化經營的理念。

　　松下電器將「無借款經營」、「自有資本經營」通稱爲「水壩式經營」，以作爲其經營的基本方針。要達到「水壩式經營」這個目標，就必須先建立一套健全的資金管理系統。在此理念下，松下電器建立了「月底完全支付制度」。亦即「先以身作則，在月底以前將進貨款項完全付清；如此一來，回收款項也必須在月底前回收完畢。」

　　首先，借著月底完全付清來自我約束「貸方」，然後再借著自律的力量謀求「借方」資產的良性化及完全回收，以求與進貨廠商達成共存共榮的共識。

　　若要能輕鬆愉快運用資金，就必須先具備穩健的基本經營方針，進而依據此項經營方針，架構出一套能夠輕鬆運作資金的經營體系。

三、高附加價值的體質

　　未來是一個以「日益高漲的人事費用」作爲收益結構中心的時代，這項費用也即將成爲導致資金不足的原因之一。在人事費用的管理指標中，包括了營業額對人事費用的比率、爲維持損益平衡比率所需的人事費用總額等等。

　　在現今的企業經營裏，通過人事費用觀察該企業之生產力及附加價值，是一件相當重要的事。所請附加價值，是指企業經營活動中所創造出的新價值。其計算方式各統計機構多少有些不同，但一般都以營業額減去進貨價格爲多。

附加價值＝營業額－進貨價格

　　附加價值愈大，公司就愈賺錢。換句話說，生產力提高，就可賺取更多的利益，所以必須先提高每位員工的平均附加價值。接下來，若能再就人事費用管理層面來考慮的話，所賺取的附加價值有多少比率要歸於人事費用？就顯得相當重要了。

　　舉例來說，如果決定「所賺取的附加價值的三分之一，分配於人事費用」。則平均一個人的附加價值愈高，那麼一個人的平均人事費用——即薪資水準——也會隨之提高。故今後的經營就需考慮，是否將人事費用列入變動費用而非固定費用之中。

圖 8-2　附加價值的分配方式

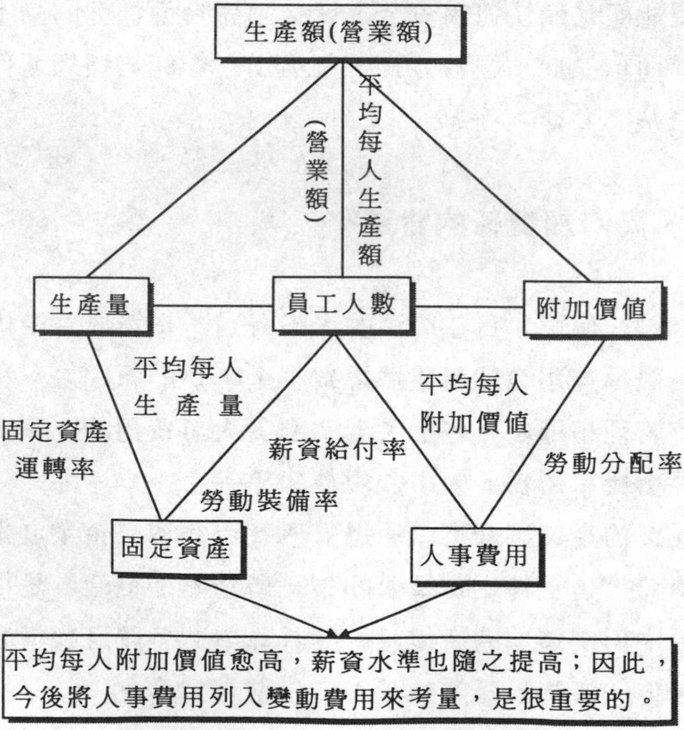

平均每人附加價值愈高，薪資水準也隨之提高；因此，今後將人事費用列入變動費用來考量，是很重要的。

　　人事費用的管理，並非考慮平均每一個人的人事費用爲多少，而是要考慮附加價值應如何分配的問題，這就是所謂的「勞動分配率」。

　　　　勞動分配率＝人事費用÷附加價值（毛利）×100%

　　這個比率或許也有人稱之爲「拉克計劃」。這大約是在 50 多年以前，一位叫拉克的美國人，他分析並公佈當時的勞動分配奉爲 39.395%，所以有人稱之爲「拉克計劃」。當然這是很久以前的事了，現在日本平均的勞動分配率爲 50%以上，但就效率而言，最好還是低於 50%以下爲佳。

第三節　（案例）如何解決財務問題

一、公司簡介

　　1978 年，溫妮・博蒙特在紐約市以 1.5 萬美元成立了博蒙特賀卡公司。很快，她收購了康涅狄格州破產的平版印刷出版公司並將經營設備搬到了新工廠。1978 年，重新命名的友善賀卡公司以每股 3 美元的價格上市了。

　　此後數年，友善賀卡公司通過內部積累和外部收購獲得了較快的發展。位於密歇根的格立特賀卡公司主要是向超市提供賀卡，通過一項以現金和股票進行的交易後成爲友善賀卡公司的全資子公司。1986 年，友善賀卡公司又以現金收購了紐約的愛德華公司。愛德華是一個出售青少年情人賀卡的小公司，它

有一個包括連鎖店、藥店、折扣店以及批發商、超市在內的分銷系統。隨著一個加利福尼亞公司被友善賀卡公司用現金和股票收購，另一個市場也被打開了。該加利福尼亞公司被重新命名爲友善藝術家公司，並提供了西海岸分銷系統以及一項向零售商直接銷售盒裝的人物化聖誕卡的獨特業務。

二、案例

1.與眾不同的經營方式

與大多數小公司不同，友善賀卡公司生產一整套的賀卡，其 1988 年的賀卡就擁有 1200 種設計。公司銷售額中約 20%是在耶誕節期間，25%在情人節期間，其餘部份則由日常賀卡和春天節日卡片的銷售構成，總銷售額的 25%是盒裝卡片，它既沒有特定「名稱」（如：兄弟生日)也沒有分類。這種盒裝卡片的銷售有助於降低成本，因爲生產商無須去管理，批發商也無須對每一連鎖店的單種卡片做記錄，返還費用也很低，因爲這種產品一旦賣給了店裏就不可能再返還。此外，行業中的大公司對盒裝卡片的銷售並不熱衷，他們更多地關注單種卡片的銷售。

友善賀卡公司的產品設計都不是那種極流行的。它主要在40 歲以上的消費者中銷售，博蒙特夫人將她的大部份市場定位在價格敏感上。她發現購買她的產品的大多數顧客都不願花費時間和金錢來選擇適用於特定情況的完美卡片，而寧願選擇那些便宜點、方便些的盒裝卡片放在家中備用。

公司所有卡片和包裝紙的設計、印刷和包裝都在康涅狄格州的 250 人的工廠完成。工廠的生產達到了其生產能力，但在需要時大部份印刷工作將由外部的印刷工人完成。

2.令人稱道的分銷方式

友善賀卡公司的銷售費用並不是很大。公司的 25 個銷售人員（其中 1/3 全職工作）要麼直接向集中購買者如卡瑪公司、沃馬特和布來立等大型超市出售產品，要麼向批發商進行銷售。但是這一系統也正是友善賀卡公司銷售毛利低的主要因素，因爲它導致生產商與最終消費者之間有兩重仲介。博蒙特夫人估計其卡片在零售環節的銷售額是公司收益表所顯示數據的 3倍。

博蒙特夫人進一步估計說，生產信封所需的工人的年費用是 9.1 萬美元，這些及其他費用在下表中都有列示。根據這些數據，麥考威爾女士計算後得出結論：如果不考慮營運資本和融資需求情況，該項目在 3 年期間每年都會產生正的現金流量。

表 8-2　預計生產設備投產 8 年中年節約的資金表

節約資金：1987 年購買信封的費用	1500
生產信封的增量費用	
原　　料	902
倉　　儲	94
勞　　力	91
折　　舊	62
總費用	1149
增加的稅前利潤	351
增加的所得稅	133
增加稅後利潤	218

表 8-2 提到的倉庫是必需的。因爲一旦設備購入了，公司將以高於春夏季節運貨數的穩定速度進行生產，以便到年底高峰時有足夠的存貨來滿足需要。博蒙特夫人估計一旦開工，公司的營運資本平均淨需求額將增加 20 萬美元，並且在設備的生命週期內將一直維持這一水準。

3. 與眾不同的收購形式

博蒙特夫人已經調查了一個可能被自己收購的同行：創造性設計公司(簡稱 CD)。它是中西部的一家小型的卡片生產商，屬於私人擁有，1987 年的銷售額約 500 萬美元。博蒙特夫人花了 4 個多月的時間來瞭解 CD 公司生產經營的細節。她確信在自己的管理下，CD 公司能馬上減少 5%的銷貨成本，在目前銷售水準下也就是 15.4 萬美元。她也希望通過消滅盜版從而減少 10%的其他費用(約 15.5 萬美元)。

博蒙特夫人預計：如果友善賀卡公司在 1988 年初收購，CD公司其銷售額在這一年中會保持不變，但 1988 年後其銷售額將以每年 6%的速度增長。最使博蒙特夫人對收購感興趣的是 CD公司的資產負債表所顯示的實力，她覺得 CD 公司的供應商將願意提供比過去更多的商業信用，並且她知道該公司尚未使用過銀行信貸額度。在她同 CD 公司目前的 3 位所有者(他們都已到了退休年紀)的會談中，博蒙特夫人瞭解到可以以 CD 公司 1987年收益的 11 倍的價格收購該公司。其所有者願意收取友善賀卡公司的普通股，每股 9.5 美元，共計 19.3 萬股。經過諮詢公共會計師，博蒙特夫人知道這種證券交易是免稅的。這一收購在會計上被處理成一種「合併經營」，因此最後公司的資產負債表

僅是 2 個公司報表的匯總。

　　博蒙特夫人詢問麥考威爾女士是否可以以此條件來收購 CD 公司，麥考威爾女士認爲還應該再考慮一下收購對友善賀卡公司收益狀況的影響和它對該公司財務狀況的影響。

4.發行新股的可能性及必要性

　　爲了保持未來幾年中預期的快速增長，看著公司緊張的財務狀況，博蒙特夫人意識到可能該去募集更多的權益資本。麥考威爾女士知道博蒙特夫人最不願意接受將使其預計銷售增長降低的政策性建議。博蒙特夫人相信如果從現有顧客或新顧客處來的訂單的潛在增長無法實現，那麼以後幾年中要保持這些顧客是很困難、甚至是不可能的。她還擔心對接受新訂單的限制會使公司的銷售人員士氣低落，說不定會導致幾個最有價值的銷售代表轉投入競爭對手的公司。麥考威爾女士同時爲這樣一個現實而煩惱，那就是：對任何公司而言，募集新的權益資本都是一件困難的事情，尤其是像友善賀卡公司這樣一個小公司。

　　友善賀卡公司的股票是在場外交易市場上進行交易的，交易量不大，平均每週約 3000 股。由於股票這麼小的交易量，很難通過股票價格數據計算出公司股票的 B 值。

5.財務問題及其對策：來自投資者的建議

　　據博蒙特夫人講，友善賀卡公司從沒有不存在財務問題的時候。這是一個資本密集型的行業，博蒙特夫人也因此將其部份成功歸功於公司與銀行和其他資本提供者之間良好的關係。附近銀行提供的信用額度達到 625 萬美元。公司在基準利率之

外再付 2.5%的利率,當前基準利率為 8.5%。由於銷售的季節性特點,博蒙特夫人預計公司對銀行和商業信用的需求高峰(1987年底超過 900 萬美元)發生在 12 月和 1 月。她還說公司在每一銷售季節後的低借貸點發生在 4 月,這時銀行和商業信貸減至高峰期的 50%。

儘管公司與銀行的關係良好,博蒙特夫人還是不得不盡力尋找額外的權益資本。友善賀卡公司的貸款銀行對於該公司依賴借款進行經營的程度感到不安。1988 年初,他們說他們在 1986 年預期銷售擴大後銷售增長會大幅降低,在此預期基礎上銀行才願意貸款給公司度過 1986 年的銷售擴展時期。

這樣,通過收益積累的權益帳戶的增長很快將降低公司的負債/權益比率至 1985 年的水準,而 1986 年曾達到 5.2 : 1,大大高於 1985 年的水準。友善賀卡公司的貸款銀行因此就堅持要公司在銷售旺季到來前採取一些措施以確保公司能滿足銀行對未來貸款所加的兩條限制。這兩條將於 1988 年底實施的限制是:

(1)任一時點上公司尚未清償的銀行貸款不能超過應收賬款的 85%。

(2)公司負債總額不能超過公司權益的帳面價值的 3 倍。

為此博蒙特夫人決定將公司的生息負債/權益比率保持在最高 2 : 1 的水準,這樣就可以保留更多的安全邊際。

信封成本是總成本中最大的構成部份之一。友善賀卡公司至今還是全部購入所需信封。1987 年中,公司總共花了 150 萬美元來購買全年所需的 1 億個信封。博蒙特夫人估計如果花 50

萬美元購入設備,當其完全開工使用時能生產出 1987 年全年所需的信封,她預計在購入信封生產設備的 2 個月中,股票價格維持在每股 9.5 美元。在 1986～1987 年間,股票價格的範圍是最低每股 9.5 美元到最高每股 15 美元。博蒙特夫人持有當前流通在外股份的 55%,另有 20%被公司的管理人員和僱員持有,約 25%的部份被公眾購買了。麥考威爾女士知道,博蒙特夫人收到過一份建議,那是一群對公司有長期興趣的西海岸投資者提出的。他們表示願以每股 8 美元的價格購買 20 萬股友善賀卡公司的股票。如果成交,友善賀卡公司將付給中間人 8 萬美元或 1 萬股作為報酬。

在考慮這一報價問題時,麥考威爾女士詢問了她的一個朋友,賽繆爾·哈克特(某投資銀行波士頓辦事處的合夥人)──以瞭解友善賀卡公司股票向公眾發行的可行性。哈克特先生對此態度並不樂觀,他評價說:「現在是募集權益資本的困難時期,尤其對像友善賀卡公司這樣的小公司而言。10 月股市的下跌是一個殺手,道·瓊斯工業股票指數已從 1987 年 9 月的 2596 點下降到目前的不足 2000 點,而且人們也無法預知明天將會發生什麼。對小公司來說,目前要籌錢很困難。我不得不這麼說,但我的確不知道如何能使該公司股票以高於每股 8 美元的價格進入市場。坦率地講,我甚至不確定以低於 8 美元的價格我們又能賣出多少股。」

這一談話使麥考威爾女士的初始想法更加堅定了,那就是:籌集新的權益資本的唯一現實方案是接受西海岸投資者的建議。

　　企業進行創新要根據企業自身的具體情況來定。友善賀卡
針對自身的銷售情況、資產狀況及市場情況和同行業內其他公
司的發展情況進行創新，從而使企業走上騰飛之路。

心得欄

第 *9* 章

中小企業的資金管理與運用

第一節　企業如何妥當運用資金

一、什麼叫資金

1.資金一詞在學理上雖有數種不同的涵義，但本文中所討論之資金系指一個企業所有的和借入的一切可以運用的現金而言。

2.企業的資金經投入後，將成為：

(1)固定資產：如土地、廠房、店鋪、辦公廳、機械設備等不易於短期間內變換為現金者。

(2)流動資產：如商品、原材料、應收貨款、收入票據等在短期間內易於變換為現金者。

二、企業資金的來源

1. 資本增加：如企業主或股東的投資、增資等。
2. 負債增加：如自民間或金融機關借貸等。
3. 收益增加：如營業中之銷貨收入等。
4. 資產減少：如處分土地、踐械設備等。

三、資金流動圖

圖 9-1　資金流動圖

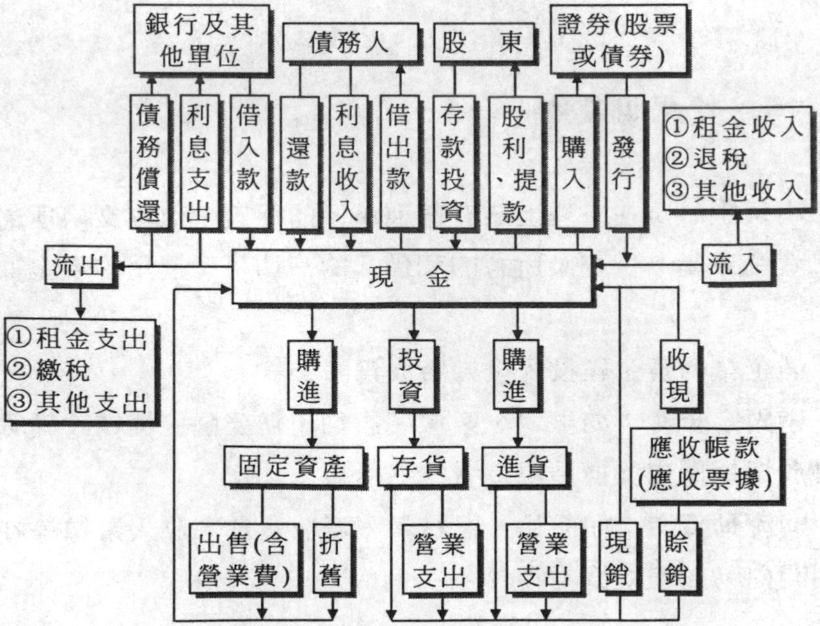

四、資金循環過程圖

圖 9-2　資金循環過程圖

資金循環週流的過程
商業與貿易業資金週流的程序

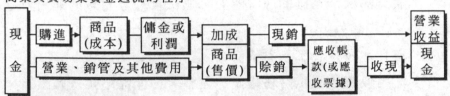

製造業資金週流的程序

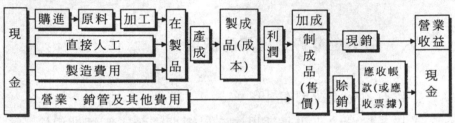

服務業資金週流的程序
礦業資金週流的程序

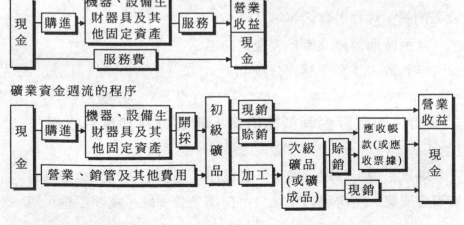

五、中小企業常遭遇資金困難的原因

1.創業主初即有「舉債經營」的經營觀念，自有資金短缺。

2.獨資或家族合資經營，可自籌之資金有限。

3.缺乏熟練及正確的理財能力，無法合理且有效的運用資金。

4.獲利率較差，不易累積資金。

5.信用較難建立，財務報表不完整，擔保品不足，難獲銀行之融通資金。

六、中小企業資金運用的原則

1.自有資金至少應有 40%。

2.以長期資金支應長期用途，以短期資金支應短期用途。

3.籌措資金時，應衡量「自有資金」、「資金成本」和「投資報酬率」等等各種因素。

4.平時即須建立籌措資金之通道。

5.剩餘的資金亦應充分運用。

七、固定資金等長期用途，務必以長期資金支應

購置土地、房屋、廠房、暖械設備等固定資產，最好以自有資金支應，不得已時，才以中長期借貸支應，萬萬不得以短

期借貸支應。因爲短期借貸的資金成本(利息)遠較中長期借貸的資金成本爲高，更可怕的是短期借貸必須隨時或在短期內償還，而不能不倉促中籌款填補。又經常性的週轉金如購買原料、商品或各項費用，亦應以中長期資金支應。

八、流動資產及週轉金等短期用途，宜以短期資金支應

　　變動性週轉金如額外增購原料、薪資，季節性週轉金如應時物品(如成衣、果菜等)之加工費、運儲費等短期用途，最好利用商業信用，如果尚有不足，可利用銀行融資；萬不得已才利用民間貸款。

九、短期資金的來源

1.企業間的商業信用。
2.銀行短期貸款。
3.發行商業本票。
4.私人借款。

十、長期資金的來源

1.企業發行長期債券。
2.銀行長期貸款。

3.民間長期借貸。

4.股東增資。

5.累積盈餘轉增資。

十一、銀行之週轉性融資

1.自生產方面而言，有：

(1)購料貸款。

(2)信用狀貸款。

(3)保證（信用狀保證、進口機器保證、承包工程保證、稅捐記帳保證等）

(4)開發即期、遠期信用狀。

2.自銷售方面而言，有：

(1)一般週轉性貸款。

(2)擔保透支及無擔保透支。

(3)外銷貸款。

(4)票據貼現、承兌。

(5)應收客票週轉性貸款。

(6)出口押匯。

十二、資金運用的規劃

資金的運用，不能僅僅以一個月或一週甚至每天短期間倉促的籌措，最好以半年或一年等較戶期的期間爲段落加以規

劃，始能獲得更精確、更經濟的效果。

　　較長期的資金規劃，首先應該以「年度預算」爲基礎，經以企業的近期「財務結構分析」「營運分析」作時效性的調整之後，考慮有無「擴充計劃」，配合「長期負債、短期負債償還計劃」，而以佔用資金最多且變動最大之「生產計劃」爲主要考慮重點，若有剩餘資金可以利用生息，同時參照「剩餘資金運用計劃」，編成計劃，作爲籌措資金的依據，則可按步就班從容準備資金，不致遭遇臨時籌錢無著的窘境。所以一個企業應該有熟悉財務管理的專才，隨時編定左列各種計劃：

1. 生產計劃。
2. 擴充計劃。
3. 長期負債、短期負債償還計劃.
4. 年度預算。
5. 財務結構分析、營運分析。
6. 剩餘資金運用計劃。

十三、資金管理的基本制度

　　一個企業如欲使資金之運用，能暢順而且獲得最高的效率，勢必建立各種掌握資金的制度，並且確實執行。

1. 基本收支程序

　　企業對於自外界收入的資金，無論是現金、票據或應收帳款，必須設定一定的程序，規定流程及各承辦及負責者，一方面希望有條不紊的記錄，一方面希望快速的成爲參加營運的資

金,另一方面附帶的希望收入不因經手者之私心而流失。

2.現金管理制度

現金是最方便且最容易被接受的支付工具,是最需要而又最易流失的資金,所以各企業對現金均定有嚴格的規則予以管制,且很少留很多現金在辦公室內。

3.銀行存款、應收票據、應付票據管理

銀行存款實際上是企業所擁有的現金,只是因安全上的考慮存放於銀行隨時備用,由於銀行存款的調度運用寄端存摺或自行整理之登記表,所以必須要確實的管理。應收票據和應付票據大部份是收票或發票的一段時間後才有現金的收或支,所以可能發生錯誤,甚至很多的損失之主要原因,企業應該謹慎的予以管理。

4.應收帳款、應付帳款管理

收帳求快,付款設法緩付是處理應收帳款及應付帳款的原則,但是仍需深入考慮信用及成本而作適當之調整,應付款而未付,應收款而未收,均是導致損失的原因,企業必須有管理制度,且遴選最適宜之人員擔任。

5.存貨管理

存貨是佔用資金最多,且存貨若成無法脫手之陳貨更是損失極巨,故存貨及物料均須控制在恰到好處,以期企業的資金在存貨上運用得最有效而經濟。

十四、資金計劃表

表 9-1　資金計劃表

資金計劃內容	金	額
1.資金的來源		
(1)預估盈餘		××××
(2)非現金支出的費用（如折舊、備抵呆賬、價格變動準備金等）		××××
(3)出資金或長期貸款的回收		××××
(4)長期借入金的增加		×××
資金來源的合計		××××
2.資金的用途		
(1)購置固定資產	××××	
(2)出資投資	×××	
(3)償還公司債	×××	
(4)繳稅	×××	
(5)分配盈餘	×××	
(6)董監酬勞及交際費	×××	
(7)償還長期負債	×××	
資金用途的合計		×××××
淨週轉資本的增減預估額		×××
3.週轉資本增減的原因		
(1)現金存款的增減	×××	
(2)應收票據及賬款的增減	×××	
(3)存貨的增減	×××	
(4)其他流動資金的增減	×××	
①流動資產的增減		××××
・應付票據、應付帳款的增減	×××	
・短期借款的增減	×××	
・未付款項的增減	×××	
②流動負債的增減		××××
③週轉資本的增減		×××

表 9-2 綜合性資金計劃表

收　　入		支　　出	
承接上日	元	現款進貨	元
現款銷貨		支付票據到期	
票據兌現		支付貨款	
票據貼現		償還借款	
收回貨款		貸　　款	
借　　款		預　付　款	
訂金收入		各　經　費	
其他經營收入		稅　　捐	
臨時收入		其他經營支出	
		臨時支出	
		移轉次日	
合　　計		合　　計	
備　　考			

十五、固定資金計劃表

表 9-3 固定資金計劃表

來　　源		用　　途	
1.預估盈餘	××××	1.稅　　金	××××
2.折　　舊	××××	2.分配盈餘	×××
3.備抵呆帳	×××	3.董監酬勞及交際費	×××
4.存貨跌價準備金	×××	小　　計	××××
小　　計	××××	4.固定資產	××××
5.發行新股票	××××	5.出資投資	×××
6.發行公司債	××××	6.償還公司債	××××
7.長期借款	××××	7.償還長期借款	××××
8.回收長期貸款	××××	合　　計	××××
合　　計	×××××	固定資產差額	×××
		總　　計	×××××

十六、週轉資金計劃表

表 9-4　週轉資金計劃表

來　　源		用　　途	
1.固定資金差額	×　×　×	1.應收票據增減	×　×　×
2.期初現金存款	×　×　×	2.應收帳款增減	×　×　×
3.應付票據增減	×　×　×	3.有價證券增減	×　×　×
4.應付帳款增減	×　×　×	4.短期貸款增減	×　×　×
5.短期借款增減	×　×　×	5.預付款增減	×　×　×
6.未付款增減	×　×　×	6.存貨增減	×　×　×
合　　計	×　×　×　×	7.期末現金存款	×　×　×　×
		合　　計	×　×　×　×　×
		資金差額	×　×　×
		總　　計	×　×　×　×　×

十七、現款收支預算表（按月）

表 9-5　現款收支預算表（按月）

	＿＿＿月			＿＿＿月		
	預算	實績	差額	預算	實績	差額
1.收入						
(1)現　　款	×　×　×			×　×　×		
(2)回收應收票據	×　×　×			×　×　×		
(3)貼　　現	×　×　×			×　×　×		
(4)雜　收　入	×　×　×			×　×　×		
合　　計	×　×　×　×			×　×　×　×		

2.支出					
(1)材 料 費	×××			×××	
(2)人 工 費	×××			×××	
(3)經　　費	×××			×××	
(4)銷 貨 費	×××			×××	
(5)支出付息	×××			×××	
(6)稅　　金	×××			×××	
(7)其他支出	×××			×××	
小　　計	××××			××××	
(8)固定資產	×××			×××	
(9)出資投資	×××			×××	
小　　計	×××			×××	
合　　計	××××			××××	
差　　額	××			××	
3.借　　款					
(1)長　　期	×××			×××	
(2)短　　期	×××			×××	
4.償還借款					
(1)長　　期	×××			×××	
(2)短　　期	×××			×××	
5.償還公司債	×××			×××	
6.現金結餘額					
(1)上 月 底	×××			×××	
(2)本 月 底	×××			×××	

十八、現金流動表

表 9-6 現金流動表

項　　目	金　　額
1.現金來源	
(1)銷貨淨額	$×××××
(2)利息與房租收入	×××××
(3)其他收入	×××××
(4)出售土地	×××××
(5)出售機器	×××××
(6)出售有價證券	×××××
(7)發行股票	×××××
(8)發行公司債	×××××
(9)折舊及準備金	×××××
(10)攤銷公司債折價	×××××
(11)出售固定資產損失	×××××
(12)長期借入款	×××××
(13)短期借入款	×××××
現金來源合計	$×××××
2.現金去路	
(1)銷貨成本	$×××××
(2)營業費用	×××××

續表

(3) 其他費用	××××
(4) 購置設備	××××
(5) 購置機器	××××
(6) 購置其他固定資產	××××
(7) 購買有價證券	××××
(8) 購買長期投資	××××
(9) 增撥償債基金	××××
⑽ 分配股利	××××
現金去路合計	$××××
現金增(減)淨額	$××××

心得欄 _____

_____

_____

_____

_____

_____

第二節　企業的資金管理

一、何謂資金管理

　　資金管理，簡單地說，就是如何維持適當的資金量。

　　在企業經營的過程中，一定會有資金的收入與支出，資金的收入是由銷貨而來，而資金的支出，則是為了應付一些必要的費用開支，諸如進貨等。

　　資金不時地流進流出，但在企業內，為了經營活動的持續進行，勢必要保持適當的資金量。什麼才是適當的資金量？這確實是一項大問題。它所牽涉到的，不僅是資金的流入與流出要保持平衡，週轉要靈活，同時也要顧及資金運用的成效如何。

　　平常我們談到的財務管理，範圍較廣。普通所謂的財務管理，大致要遵循三項原則。其一，是流動性的要求，二是安全性的要求，三是經濟性的要求，所謂的經濟性要求，是指籌措資金時，要考慮資金的成本，也就是利息負擔的多寡問題。

　　而資金管理，主要的重點則放在流動性上。考慮資金的流動性如何，也就牽涉到資金的運用與籌措。因此，事實上，資金管理也與安全性、經濟性原則直接有關聯。

　　資金管理是否會隨著企業規模的大小而在方式上有所差異呢？亦即中小企業與大型企業的資金是否有明顯的不同點呢？

1. 就資金管理的原則來說

中小企業與大企業並無不同。中小企業需要資金，大企業也需要資金叭至於籌措資金的方法，不論是向銀行借款、或靠內部資金，方式也大同小異。

然而，此處我們之所以要特別強調中小企業的資金管理，乃因為像其他許多經營活動一樣，中小企業的資金管理仍有其特性存在。

2. 以資金運用來看

中小企業購買原料，因為每次進貨較少，其交易條件比起大企業來，就不利得多。此外，中小企業財務結構較不健全，若向金融機構融通款項，其借貸條件也遠比大企業不利。因此，就資金的運用與籌措而言，中小企業的資金管理確有特別加以討論的必要。

二、資金週轉發生困難的原因

一般企業的經營為什麼會發生週轉困難？所謂資金週轉困難，就是資金流入不足以應付資金的流出。簡言之，也就是入不敷出。這種現象，主要乃由於經營虧損所致。

經營虧損若僅存在於短期間，企業還可以向金融機構借款，或利用企業間的商業信用借款，以獲得暫時性的資金融通。但經營虧損若為長期性的，則不論是向銀行借貸，或向同業調資，都只有使利息負擔愈滾愈重，這時企業恐怕就面臨危機了。

資金週轉發生困難的第二原因，是資金來源與運用期間的

不配合。

　　譬如籌措得來的資金原本是要作爲短期性用途，但企業卻拿來作爲建廠房、擴充設備等長期性投資用。短期資金作長期投資使用，等企業需要大筆資金，或是短期借貸期限一到，企業根本就拿不出這一筆錢，如此當然就發生週轉困難。

　　國內企業界普遍存在著一種現象，就是景氣好，容易向銀行借到錢，或是通貨膨脹持續期間，常大肆舉債購置不動產。因爲在這些時候，不動產的增值率遠比利率要高出很多。

　　然而，就兩次石油危機所帶來的經濟風暴來看，經濟景氣的變動是愈來愈明顯了。尤其以第二次的石油危機比諸第一次石油危機，很顯然的，不景氣的時間是愈來愈長，不景氣的程度也愈來愈嚴重了。在這些情況下，企業若不經過詳密的計劃就購置大量不動產，日後恐怕就會因爲脫手不易，而使資金凍結，導致嚴重的週轉不靈。

　　資金週轉發生困難的第三個原因，是流動資產的固定化。流動資產包括應收票據、應收帳款及存貨在內。

　　應收款項的時間拉得愈長，金額愈大，企業需要準備的週轉資金也就愈多，應收款項的時間與金額到底可以放寬到何種程度，這就牽涉到營業管理與銷售管理。

　　至於存貨則關聯到存貨管理。這些企業內部管理工作若作不好，很容易就會使流動資產陷入固定比。

　　而資金來源發生變化，諸如與企業經常性生意往來的公司突然倒閉，使債權要不回來，或票據無法兌現，此類的資金突生變化，也是引起週轉困難的另一項因素。

此外，資金運用、籌措績效不佳，也會導致資金週轉困難。

三、自資金管理的觀點，檢討資金運用情形

1.從固定資產的土地、建物和撥器設備來看

在通貨膨脹時期，中小企業常因過度投資不動產，結果造成資金凍結。雖然就長期的經營觀點而言，企業要升級升段，投資機器設備是必要的，但企業在進行投資設備以前，事先一定要有週詳的投資計劃，把投資報酬率，資金回收的年限、以及資金週轉的情形妥善地分析過，以免將來產生週轉困難。

2.檢查存貨

在正常的生產狀況下，存貨一定要維持適當的數量。存貨量若過少，當銷貨量劇增時，可能會因庫存無貨而平白喪失了很多賺錢的機會，而存貨若過多，則會增加資金的負擔，影響資金週轉。所以，維持適當的存貨量是很重要的，這就要靠良好的存貨管理來控制。

中小企業對存貨的管理，應該分別就原料、在製品與製成品設立會計紀錄，然後定期將會計紀錄與實際盤點出來的存貨量作一對照，以瞭解存貨管理是不是確實。帳上的存貨數量若不確實，根本就無法掌握真正的存貨量有多少。

除了作紀錄外，存貨量還要依種類、銷售情況、季節變化，作彈性的規劃。

3.再看應收帳款方面

主要則是側重在銷貨以後的債務管理。應收款項乃由於銷

貨對顧客提供商業信用而來。商業信用條件的寬、緊，直接影響到銷售業績。條款放寬固然會增加營業額，但就資金管理而言，卻使風險大增。

　　因此，企業對客戶的授信，到底要保持何種程度才算適當，這就要運用應收帳款分析表。按客戶別，或以期間為基準，對每一銷售活動所產生的應收款項，分別計劃每月回收的金額。如此，即可對資金的流入作一系統的分析計劃，若發現某位客戶，或某一期間的授信量超過預訂數額，即可立刻加以注意。

　　與企業正規經營活動無關的資金流出，像中小企業常見的股東借款，也常對資金管理造成莫大的困擾。企業對此類資金的流出，亦應嚴格加以限制。

四、資金來源方面的檢討

　　資金來源，除了銷貨以外，其他不論是向銀行融資、開發商業信用票據、或以其他方式借貸、發行債券、處分資產、增資、提列各項公積、準備金，或是出租財物，第一要考慮的是成本，其次則是方便性。

五、資金週轉困難的解決

　　要解決資金週轉困難，首先必須瞭解造成困難的原因，然後對症下藥。

　　如果是經營虧損，經常依賴借款渡過難關絕非善策，最重

要的,是要改善經營狀況。

　　若是資金來源與運用在期間上不能配合,或是流動性資產流於固定化、存貨囤積太多、商業授信條件太寬……,那麼,就需要改變對策。

　　要瞭解資金週轉困難到底源自那一個階段,可以編制財務狀況變動表,把資金的來源與運用逐項列出加以分析。如此,由資金消長變化的情形,大致就可以看出某項經營活動是否適當,資金壓力來自何處。

　　財務狀況變動表,可以一年、半年編制一次。但以資金週轉來看,最好逐月或逐週編制資金流量。

　　此外,改善資金運用的績效與對資金籌措方式加以適當的選擇,對改善資金週轉困難,也是非常重要的因素。

　　最後要強調的是,資金管理會影響到企業經營的績效。有些公司可能產品品質非常優良,但卻因為資金管理不善,最後還是走向倒閉之途,可見資金管理對中小企業委實關係重大。資金管理並沒有什麼妙方,主要是對公司本身的資金情況深入瞭解,然後再根據事實,對資金的運用與籌措採取適當的方去,如比而已。

第三節　中小企業資金的運用

一、別把錢丟到垃圾桶

講到錢，有一個觀念，譬如說，我們拿出一百元，一不小心把它丟在地上去，我們一定會蹲下去撿。這麼可愛的錢，怎麼不撿？假定這兩百元是公司的，當它掉在地上時，大家絕不會掉頭就走。可是事實上，我們每天不知把公司的多少錢丟到垃圾裏面去。

譬如我們從本期損益來看是不賺錢，你有沒有去研究不賺錢的原因？這並不是一句經濟不景氣便可以解決，其他原因也很多。譬如說用錢用得很浪費。還有生產材料的報廢，生產報廢就是把做了一半的東西丟掉。我們天天報廢，天天把錢丟進垃圾桶裏面去，想起來你會不會痛心。

所謂三呆就是呆料、呆人、呆時。呆人就是庸人充斥，就是能力不足、尸位素餐，或是冗員充斥。所謂呆時，就是職員沒有按照計劃準時做好，時間拖延就是損失金錢，根本就是等於把錢丟到垃圾桶裏面去。呆人呆時的結果，公司本來用人用10人就夠了，但卻用了15人，那5人的薪水就等於把那金錢丟到垃圾裏面去一樣。所謂呆料，就是買了一大堆沒有用的材料，或是做了一大堆沒有用的成品，在帳面上價值很高，其實

不值幾個錢。呆貨的損失，也像把錢扔到垃圾桶一樣，一大堆垃圾堆在倉庫裏，自己騙自己說我有這麼多的財產或資產。

像王永慶那麼有錢，掉了一百塊在地上都會撿起來。各位能不能與王永慶相比呢？可是各位在公司裏面，卻天天丟掉數百元、幾千元甚至幾萬元。所以我們要好好研究如何賺錢、如何避免放款、呆料、存貨的損失的方法。又如所買的固定資產如房屋、機器設備，是真正發揮它的效能呢？沒有充分發揮也等於把錢丟到垃圾桶一樣。所以講到資金的管理，可能最後還要牽涉到公司的經營。

二、資金的去路

我們要管理住和掌握住企業裏面的資金，首先要瞭解錢的內容。所謂鈔票就是錢，銀行存款也是錢，很多企業經營者認為錢就是這些，事實上我們從財務觀點來看，錢就像孫悟空一樣七十二變，一層一層變下來。孫悟空七十二變，變來變去錢到那裏去，這個可從資產負債表來看。資產負債表借方是屬於資產，貸方是屬於負債及淨值。資產的內容，一個是流動資產。流動資產包含什麼？

1.現金

現金包括庫存現金和銀行存款，銀行存款必須實時可以變現，才可以稱為現金。那麼也許你要問，定期存款算不算現金？定期存款也可以算現金。如果臨時要用，可以隨時解約。

庫存現金大概可分成兩種，一種譬如說門市收入，暫時收

進來還沒有存進銀行的那種現金。另外還有一種是屬於零用基金。在財務管理上有一個很重要的原則就是：「所有的現金要存在銀行，所有的支付也要經過銀行。」但是爲了要應付日常零星的開支，譬如說，幾十塊、幾百塊我們就設立一種制度，叫做零用金制度。由公司撥出幾萬元，作爲零用基金，由一個人來保管。每次要用小錢，就由零用基金來支付。當然支付前要有零用金申請單，必須先經適當的核准。支付以後，到一段時間，當錢快要用完時，把這些單據收集起來，把它加以整理，然後再申請支票撥補進去，結果零用金仍然回覆到原來的額度。

銀行存款，最主要的就是支票存款。支票本來是見票即付，但由於我們把它當作信用工具使用，因此這就牽涉到你收進來的遠期支票如何管理，還有你開出去的支票如何管理的問題。此外還有你每天的賬戶還有多少餘額，如何來管理，以及如何與銀行來對帳。因爲到期並不一定今天就進到銀行賬戶裏去，可能要再一天或幾天才能交換進來，所以要對帳。尤其在月底結帳時，公司的現金帳更是非與銀行對帳不可。

2. 應收帳款

孫悟空七十二變，現金就是孫悟空本身，孫悟空再變就會變出很多東西出來，其中之一是應收帳款。我們用錢買原料，然後投入人工和各項費用，生產出來把它賣出去，還沒收回來，這個就是應收帳款。我們常講賣東西是徒弟，而錢可以收得回來才是師父。應收帳款掛在帳上，幾十萬或者幾百萬很好看，可是問題是這些帳款到後來是否收得回來，這個就是很大的問題。這就牽涉到呆帳問題，還有你派收貨員或改帳員去收帳，

會不會被挪用的問題。

3.應收票據

另外的一個問題，不是你的人搞鬼，而是你的客戶。有的是真正發生困難，有的是欺詐性，例如人頭支票問題。你所收到票據是否可靠？應收票據或應收帳款，還有一個問題就是信用調查。大家都知道，所謂客戶的信用，就是我們賣東西給客戶，賒帳的信用額度是多少。又如客戶給你客票，後面也不背書，對不對啊！到時候支票退票收不到錢，怎麼辦？這也是一種問題。

4.存貨

錢除了變成應收帳款及應收票據之外，有很多錢又變成了存貨。我們說「三呆」，裏面就有一個呆料。講到存貨，以工廠來講，包括原料，製成品及在製品。如果以商店來講，就是買進來的商品。存貨堆了一堆，就是金錢的積壓。此外又如存貨是兩百萬，是否價值兩百萬，這也是一個很大的問題。因此一個公司對於研究降低存貨，是一種很大的課題。

5.固定資產

固定資產，也就是土地、機械設備、房屋設備。普通一個公司的問題，是出在擴充設備。很多公司由於擴充設備，而發生黑字倒閉。譬如某工廠營運到現在一直都賺錢，要做設備更新，因為對資金沒有做好全盤規劃，到時候缺錢被退票而發生倒閉。支票因為是信用工具，假如其中有被退票，那麼信用就全部破產了。因此在擴充設備前不但要好好規劃資金的來源，還要選定最佳的擴充時機。

總而言之，從資產這一面來看，就是資金的去路，也就是你錢用到那裏去。我們錢用到那裏去？就是擺在銀行裏，或者呆滯在應收帳款上，呆滯在應收票據，呆滯在存貨上，呆滯在固定資產上。有的人在財務管理上，說這邊是資金的運用。資金的去路或運用如何管理呢？原則上就是「減少資金的去路」。現金不要減少，越多越好。但是應收帳款儘量減少、應收票據儘量減少，存貨儘量減少，固定資產儘量少，這樣資金就回來了。要知道資產的增減變動情況，可以看比較資產負債表。比較的結果一看。哇，不得了，應收帳款越來越多！是不是收帳不努力收？或者是有些帳收不回來？應收票據越來越多，是不是客戶票開的日期越來越長？還有存貨越來越多，怎麼回事？錢是有限的資源，把它調配到固定資產多少、存貨多少、應收帳款多少、應收票據多少，這就是企業要研究的重要問題。

三、資金的來源

1.流動負債

再來看看負債或淨值。談到負債首先要談流動負債。流動負債就是短期間之內所須償付的債務。流動資產就是短期內可以變現的資產。現金可以立即變現，變現問題比較大是存貨。存貨要變現，不知道要在何年何月何日，這很難講。所以流動資產去掉存貨，另外給它一個名稱，稱為速動資產。意思就是說，動得很快的資產。相對於流動資產就是流動負債。一般來講，流動負債可分幾種。

⑴應付帳款及應付票據

買貨時就發生應付帳款。應付帳款主要牽涉到交貨後的第幾天須付款,這就牽涉到資金規劃的問題。付款時是付即期支票還是朋票呢?這就產生應付票據問題。這些應付票據應付帳款在管理上有什麼問題呢?第一個當然是到時候有沒有錢給人家?另一個是這兩個賬戶的本身問題。以應付帳款來說,你欠人家多少?什麼時候給人家多少?把它弄清楚純粹是管理問題。據個人所知,有很多中小企業本身對帳就對不起來。又如果拿到客戶的遠期支票,背書給人家抵付帳款,那更是糊裏糊塗。如何把它弄得詳詳細細、清清楚楚,就是基本的管理問題。對帳清楚之後,所開的遠期支票或本票能不能跑得過三點半,又在國際貿易上信用狀到時候要付款,或運用 D/AD/P 或是其他條件也要付款,這些應付票據的管理什麼時候要支付,什麼時候有錢,不能夠讓他跳票,這都是很大的問題。

⑵應付借款

另外一個是應付借款。向朋友借來的或者是向銀行借來的抵押借款、信用貸款、質押借款,或以客票作擔保的借款。流動負債除此而外,另外還有暫收款、或預收貨款,這些都比較不重要。

2.長期負債

普通長期負債在公司裏面,譬如說,機器進口分期繳納關稅,進口機器分期付款,向銀行貸借的三年、五年、或七年的長期貸款。

3.淨值

淨值的內容,第一是股本,第二個就是法定公積,第三個是保留盈餘,第四個是本期損益。當然還有其他的特種準備,譬如說,購買資產的準備。股本就是股東所繳進來的金錢。什麼叫做法定公積?就是賺的錢要依法律提 10%作準備金。保留盈餘,就是保留下來不分配的盈餘。本期損益,就是本期年初至年底的損益。

負債是向別人借錢來,稱爲外來資金。淨值是股東自己繳進來,或賺了錢還沒分配掉,是股東自己的錢,稱爲自有資金。這些都是資金的來源。

資金最健康的來源,應該是淨值。股本是第一個健康的來源,但只有限於開業時。增資也是一個辦法,但要叫股東再拿錢,恐怕是很痛苦。資金真正健康的來源,是保留盈餘與本期損益,那便是真正的賺錢。說到賺錢,尤其在現在這個經濟不景氣的時代,實在不簡單。最重要的要點,還是在於先安內,提高生產績效及降低成本,再對外開拓市場。如何來做呢?可能要另闢專題來研究。

資金另一個來源就是借錢,因此可以說,負債的增加就是資金的來源,負債的減少,也就是還債,也就是錢的去路。在這種情況下,怎樣增加來源呢?借錢很不容易,可以從應付帳款來想辦法。本來 1 個月應還的帳款,想方法以 45 天、60 天、90 天來還。另外還可以在應付票據想辦法,支票開遠一點。以前支票很少超過 3 個月,現在有 5 個月、6 個月甚至 1 年的支票。資金的管理,首先就對錢用到什麼地方,是怎麼去,又怎

麼來，要對資金的來源及去路有相當的認識，然後再設法加以
妥善的規劃。

四、公司的資金管理方法

公司資金的管理，第一個就是要建立基本的管理制度。也
就是對現金銀行存款、應收帳款、應收票據、存貨等等，都要
建立適當的管理制度。唯有建立適當的管理制度，才能明白所
有情況。也就是應收帳款如何，票據如何、存貨如何，每一個
情況才能瞭若指掌。例如銀行存款餘額正確，才不致於因記錄
錯誤，沒有把錢存進去而致退票。另外我們也提到對帳款或票
據有沒有被裏面的人挪用掉了。這裏面比較複雜是存貨管理，
例如要項管制法的所謂 A、B、C 分析法及所謂 MRP 的物料需求
規劃，還有各種的採購管理，也都是一些專門學問。

第二點，對於資金規劃重於張羅，資金要規劃到永遠足夠，
不夠的現象不要讓它發生。當然不夠的現象有時是會發生，但
你須及早預防。資金足夠你每天就可以輕鬆自如。不然的話，
你本來早上已經去慢跑，但中午天氣炎熱時，而卻發生錢不夠，
快要跳票，你也只好滿身大汗再度大跑特跑，跑得是三點半。
反過來說，如果錢有剩餘，如何加以運用，賺取最多的利息，
也要預先加以計劃，以免該賺的利息沒有賺到。

第三點就是資金的用途儘量想辦法把它減少，採取各種措
施儘量減少。還有資金的來源想辦法儘量多開闢，以便有需要
加以運用。

(一)資金基本管理制度

1.現金

資金的基本管理制度，我們應分項來研究。資金第一個項目，也是最重要的，就是現金。

⑴現金管理第一個原則就是要設立傳票制度

意思說所有的收支，都需要有單據和適當的傳票。傳票要經過適當的核准，沒有傳票不可付錢。中小企業有一個很大的毛病，有時候收進來的錢也沒有入帳，而要用錢就拿去用，更嚴重的是把私人的錢和公司的錢攪在一起，這樣到最後一定是糊裏糊塗。第一到底有沒有賺錢不知道？錢有沒有收進來，有沒有支出去也糊裏糊塗。還有你到底錢有多少也不知道。總而言之，變成一筆糊塗帳。我們須第一要建立傳票制度，第二要出納跟會計要分開。

⑵除零用金以外，所有的現金都要存在銀行裏邊去，所有的支付統統開支票來支付

開支票給人家要儘量抬頭，儘量開劃線。你如果開即期支票，必須註明禁止背書轉讓。支票用圓珠筆或鋼筆來寫，很容易被偽造，所以最好用印表機打。如果沒有印表機，我勸你用複寫紙來寫，使支票的背面也有複寫紙的字樣，而複寫紙的字樣比較不容易被擦掉。用毛筆來寫也不容易被擦掉變造。但較不方便。

開公司的支票，一定要有公司的圖章，負責人的圖章，和一定要有另外一個人的圖章，會計的也好，這樣可以彼此牽制。支票的印鑑，大家都流行蓋印章，印章容易遺失，有時請人代

蓋也容易出毛病，最好的辦法是用簽字，或簽字加蓋章。銀行的印鑑除了公司以外，個人部份要有三個人或四個人，規定雙簽有效。這是預防公司內大家鬧意見，其中有一個人不蓋章，錢就領不出來了。

⑶現金的管理制度，還須訂立很明確的現金收支辦法和支付零用金的辦法

因為一切的支付都用支票來支付，零星的日常支付就很不方便，所以就用零用金以現金來支付。普通零用金的辦法裏面，大概要規定幾大原則。

①第一是要訂多少錢以下用零用基金支付，這要看各企業的情況來決定。有的規定從一千塊以下，才可以用零用基金支付，反過來說，就是一千塊以上完全用支票支付。這種零用金的限額，要嚴格的遵守。這裏面中小企業可能會有問題，銀行發支票限制很嚴格，支票十分珍貴。如果你真的有困難，可以把金額稍為提高一些。

②第二原則是基金金額要怎麼設立，到底要設多少，是三萬還是五萬，通常都以兩個禮拜的需要量為準。意思就是說，這種零用金的支付，兩個禮拜大概需要多少錢，用比這個需要量大一點的金額來設立零用基金。剛開始你不知道這金額是否恰當，做了幾個禮拜你就知道，可以再行調整。

③第三如果這個公司有緊急支付，譬如說假如規定一千塊限額，現在緊急要去辦件事，需要四千塊，這怎麼辦？可以從零用金借錢，等辦完事，趕快把單據拿來報帳，報帳後把錢用支票請出來，再還零用基金。所以第三個原則是小額的借支。

小額借支通常是開張借據，是印好的，經過主管、會計主管的簽字才可以借。

④第四個原則也就是要摹仿現金傳票的制度，設立一種單子叫零用金申請單。講到會計，普通是有兩種單據，一種外面來的單據稱為外部單據，一種是內部單據即傳票或零用金申請單。那這個零用金申請單須述明誰申請的，經過誰的覆核，誰的核准，而支付的是為什麼？寫得明明白白，這樣才能對支付有妥善的管理。

⑷現金收支制度，是現金收進來和支付出去的一種制度

①這種制度的第一要設立的，就是傳票制度。在傳票中與現金有關係的便是支出傳票和收入傳票。市面上賣那個長條小小的支出與收入傳票，格式非常不完整，這不太好，我們這裏有比較好的格式。當然傳票上要註明用掉多少錢，誰申請，誰用掉的，為了什麼原因，都要交待得清清楚楚。假定裏面是為著買原料進來，還有訂下訂單及驗收的制度。為了配合這種制度，我們必須在傳票上寫清楚訂單驗收單的號碼，驗收通過才可以給錢。驗收單是由進料檢驗單位所發出來的，除了給倉庫以外，還要給會計部門。我們剛講設立傳票制度，會計與出納須分開，開傳票的人是由會計來開，而付錢的人由出納來付。支票支付的檔案，是由出納那邊來管理。第二點講到現金完整的一個辦法。各位要設立貴公司現金收支方法，可以摹仿這個而加以設立。我們來看看原則，現金的原則，第一個就是現金和即期客票都必須要由承辦人交由出納存入公司賬戶。

假定設有門市收入部，另外還要設門市出納。所有的錢都

由出納來收，並存入銀行賬戶。所有收入的現金和即期支票不可做爲支付用。第二點我們賣東西給人家，要向人家收錢，最好跟每一家廠商說好，就是說廠商開支票給我們時，要請廠商劃線抬頭，如果是即期支票，要註明禁止背書轉讓字樣。我們剛談到付支票要這樣做，同樣的道理，收支票也要這樣做。當然你收進來的是期票，而又要背書轉讓給別人抵帳或拿去銀行質押借款，在這種情況下，當然不要叫他寫禁止背書轉讓字樣。禁止背書轉讓的寫法，很多的人寫在支票正面，這種做法是不合規定的。應該寫在支票背面，還要再蓋上印鑑，這才是真正的寫法。因爲寫在正面，是大家的習慣。

另外說收入客票以後，就要影印一份。就是不管轉出去也好，還有托收也好，這樣的做法是屬於一種比較小心的效法。現在支票問題太多，如果你影印一份，萬一出了問題，還有一個樣本可以看，追蹤起來比較容易。如果沒有影印，就要登記，當然其號碼和日期應記於銀行帳上。如果是遠期支票，也要登記在遠期客票簿上或銀行記收簿上，以影印來說，應按照到期日，由出納來歸檔，那正本假定你拿去托收，就拿去托收，應在影印本上註明。如果你轉帳轉給別人，你也在影印本上寫轉讓給誰，轉讓是作什麼用。

第三點是由於公司財務的需要，把這支票轉給別人，或者拿去跟朋友調現金，或者拿去跟銀行調現金。這就必須編轉帳傳票，由負責人核准。

第四點是提到存入現款，或者是到期客票收現的時候，要編收傳票，收入傳票的格式，只要把市面上的修正一下，修正

詳細一點就可以，或者照用也可以。收入傳票後面要附有關單據，例如客票影印本，不管有沒有支票影印本，一定要附存入時的銀行存款通知書，和有關的單據。有一個問題，我的支票是拿去托收，沒有銀行通知書怎麼辦？可以請銀行補寫給你，他們通常會補寫給你。如果銀行不寫給你怎麼辦？在這種情況下也只好用與銀行對帳的方法來處理。

　　第五點就是現金支出，第一條就是除了零用金支付外，其他都用支票來支付。但有的公司有開外匯存款，也有開乙種存款，那麼須用存摺取款條領款來支付。第二條就是我們剛才所說的，這些抬頭、轉讓、背書、劃線的原則。假定開支票是開期票怎麼來開？就是支票要一起開，不要零零星星的開，規定一個付款日期一起付。

　　公司在付款日期有個習慣，是 5 號、10 號、15 號、20 號。其實最好能避開這個日期，如以 8 號或 23 號。那麼你說大家都是 8 號、23 號，怎麼辦？那麼就以 5 號、10 號為支付款的日期。總而言之，就是儘量避開人家所喜歡支付的日期。這些期票也要劃線抬頭，但不能註明禁止背書轉讓。即期支票是有資格寫禁止背書轉讓，但期票就沒有資格。期票開出去以後，要由會計按照期票日期次第登記在期票登記簿上。這期票登記簿在市面上是很普通的，積數十年之經驗，已經發展出標準的期票登記簿，只要買來用即可。

　　提到現金支付，一定要提到支出傳票，要經過適當的核准，要把事情寫得清清楚楚。這個支出傳票，我們來看格式。一個是支票的賬戶。傳票的號碼和傳票的日期，在支付後由會計來

編。下面受款人要寫是支票抬頭人。另外有一個金額，後面要寫新臺幣多少元，是要寫大寫。這就是預防內部人員把傳票加以塗改的方法，後面才是小寫。再下面的說明欄就是寫明這支票支付的性質，為了什麼而支付。然後再下來就是請購單的號碼及訂單號碼。請購單是內部請購用的，訂購單是對外訂購用的。發票號碼就是人家發過來的號碼，驗收單號碼就是人家貨交進來以淩驗收單的編號。再下來是申請人、覆核人及各級主管的批准，以總經理作最後的核准。下面是一些會計的科目。科目的名稱，還有科目的編號。有些公司根本連名稱都不寫，只寫編號。每一個部門也都要把它加以編號。我們在效電腦化會計制度的時候，這些編號都很重要。下面是金額，總帳的金額多少，明細分類帳各多少，還有各個部門的明細。一般比較完善的會計制度，是連部門花了多少錢，都要加以管制。

說到付款日期的問題，假如定 8 號跟 23 號，並且規定 30 天內付款，從驗收通過日期起算。假定某一個廠商 25 號才通過，那麼到這個第二個月的 23 號付款日，這不到 30 天。這種情況下，付款就要輪到下一次的付款日期，也就是 8 號。當然除了這種一般的貨款以外，這有很多其他的付款，譬如說，外匯付款或費用付款，如電話費、電費、勞保費等等，這是不能欠的。這要看什麼時候需要付就是什麼時候付。我們把對供應廠商付款的日期固定，主要的原因，就是便於做現金的規劃。

假定你有錢，人家願意付你現金折扣，那麼你也可以按照利息的情況，訂出現金折扣比率，譬如說，百分之二或者百分之多少，從所付的現金中直接扣除少付。在目前這個情況下，

只要你有錢，你說要付現金給人家要扣多少，人家大部份都會答應，因爲現在大家都需要錢。

②零用金申請單，事實上是等於跟支出傳票差不多。要補充零用金的時候，就把這些申請單和後面的原始單據統統收集起來，把那些科目相同的匯總起來，然後編出一張支出傳票，再申請這個款項，補足零用基金。

(二)銀行存款

關於現金的管理，除了現金的收支以外，另外有一個很重要的，就是銀行存款的管理。最主要的就是不可以存款不足。當然，我們要真正研究，就要研究資金的來源跟去路，怎樣減少資金的去路，怎樣減少資金的去路，增加資金的來源，做好規劃工作，不要讓錢不夠，這是根本的措施。除了根本的措施之外，直接的管理也很重要，簡單來說，大約要做到兩點。

第一點就是要掌握住銀行存款的情況。掌握情況，一般講來，可以分成幾種。第一種情況就是現在有多少錢，以及將來有多少錢，要想辦法把握住。關於這些首要有銀行登記簿，還要有每日的銀行存款餘額表，把各賬戶每日收支變動的清況報告出來。

第二點就是對於今日所要付的錢，還有今天之後的這個禮拜、下個禮拜，也就是這個月裏面，每個禮拜什麼時候有多少錢進來，什麼時候要付多少錢出去，甚至於下個月，下下個月，一次估三個月。這就是資金的預估，這種短期的預估普通都是估三個月，每個月修正一次，仍舊估三個月。

1.銀行往來登記簿

首先我們來看看銀行往來登記簿。所有銀行存款賬戶出入的情況，都要記入銀行往來登記簿，普通都是按銀行別及賬戶別來登記。支票開出去以後，或存款存進來，都要登記。以支出來說，要填支票日期、支票號碼，以及被領取的日期。支票日期是我們開給人家支票的到期日，領取日期是人家領取支票的日期，或是把支票寄給人家的日期。傳票號碼是支出傳票號碼或是收入傳票號碼，支票被領取或寄出後就要編支出傳票號碼。摘要就是爲什麼支付及付給誰。再後面就是存款、提款及結存的金額。

2.銀行存款餘額表

銀行登記簿是由財務部門來加以登記，但管理人員例如幹部或老闆要看存款餘額表。因此財務人員就必須把銀行登記簿裏的資料加以統計，編出銀行餘額表。我們來看看存款帳號包括支票存款及定期存款都加以分別，如有外匯賬戶，也要列上去。根據我們政府的規定，出口所得的外匯存款可以以外匯存款存在銀行裏面，存活期的也好，存定期的也可以。存定期的話利息跟新臺幣一樣，如果是活期的不能開支票，只能開取款條，外匯存款的用途，必須用於政府指定的出口及政府核轉的用途。

一般公司如果有進口跟出口的時候，就要去算一算，你出口收進來之美金變成新臺幣等於出口的時侯、再去申請新臺幣申請外匯好呢？還是保留美金在那裏比較合算？一般的原則大概是保留美金比較合算。你的外匯買進賣出有一個差額，通常

一元美金差一毛錢，我們再來看，表的左邊，昨日帳上的餘額
多少，本日增加的餘額多少，昨天加上增加，減掉減少就是帳
上餘額，每一個賬戶都算出來，手存支票不是指收進來的遠期
支票，而是那個已經完成蓋章的手續，還放在公司，還沒有給
客戶領去的那種支票。在途支票就是已經被人家領去了，結果
還沒有軋進賬戶，是多少錢呢？只要倒回來算就可以了。本日
銀行帳上餘額我們可以算出來。然後打電話去問銀行餘額有多
少，兩個餘額一減，差額就是在途支票全額。這種存款餘額表，
最好是每天做。假定公司規模比較小，出入不是很頻繁，也可
以三天做一次，或者一個禮拜做一次。最好三天做一次，也就
是禮拜三跟禮拜六。

3.資金運用預估表

　　資金運用預估表是對資金收入支出及除額預先加以估計，
以便做適當固定的表格。從銀行登記簿，期票登記以及銀行存
款餘額表，我們對於每日的收支情況都能充分加以掌握，另外
對於當月份中每個禮拜，下個月及下下個月就要用資金預估表
來預估，以便預先知悉在短期中資金是否充足。以十二月份為
例，當月份應逐週計算，這裏面一共有五個禮拜，每個禮拜收
支情況都要算出來，以免某一週錢不夠還不知道，後面兩個月
亦即一月、二月只要按月計算就可以，每次預估表一共編三個
月，等到一月份的時候，一月份的資金預估就變成每個禮拜逐
週計算，然後是二月跟三月，這樣逐次煩推。這個表每一個月
編一次，通常在上個月底編好。比如說十二月份的就必須在十
一月底把它編出來，然後每個月修正一次。

預估表的左邊，第一欄是期初餘額，是每週或每月初期的餘額，本期的期末餘額就是下期的期初餘額，接下來就是現金收入，首先必須把公司現金收入有那幾種型態列出來，然後根據以前的記錄把它算出來，每個月大概需要多少錢，支出也是一樣。但是支出除了經常性而外，常有一時性的支出，必須根據有關資料把它找出來。例如七月底以前要辦預估申報，預估申報要先繳一半的所得稅，這就是屬於一時性的支出，也要把它給擺進去。

一個公司的經常收入大概有幾項，一項是現金的銷貨，假定有門市部的話，要預估一下每一個禮拜，每一個月的現金銷貨會有多少，另一項是應收帳款的收現，必須要根據應收帳款的資料來統計。如果某公司可收到即期支票，那就可以算進去。假定他所付的是遠期支票的話，那個金額你就不可以擺進去，要擺在下面的應收票據，這個應收票據什麼時候到期兌現呢？這就要根據應收票據的影印本檔案數據或應收票據登記簿上的數據來計算編列。

再來就是票據貼現跟借入款項。票據貼現和借入款項要先安排好銀行或其他通路。票據可不可以貼現呢？要不要借入款項呢？你要算算每一個禮拜的錢夠不夠，如果不夠的話，那就要計劃用票據來貼現，還是借短期借款，並且要填到預估表裏面去。總而言之，你必須把上面有關的收入計算好，下面有關的支出合計算好。然後再看不夠的時候，如何彌補，再來填這個票據貼現跟借入款項這兩欄。其他公司的收入項目也許不只這一些，要仔細分析，看看還有什麼收入項目，統統把它給擺

進去。

講到支出項目，有以下幾個方面：

(1)現金進貨是指有一部份要用現金去買，應付帳款的償還，是假定貴公司是有一部要用現金來償還應付帳款。

(2)應付票據償還，什麼時候應該償還多少，應付票據登記簿裏頭登記得清清楚楚，所以大家就可以把那個金額估計入。

(3)設備的採購，這就要看我們有沒有需要什麼設備。如果有的話，什麼時候要付錢，就要把它估進去，這在比較大的工廠常會出現。

(4)薪金跟工資，在那一天付呢？就統統要擺進去。多少錢呢？這個很容易統計出來。

(5)其他的製造費用多少，從各會計的帳裏面大概可以估計出來，大概不會相差太多。

(6)銷管費用，也可以從帳上看出來。

(7)最後是利息支出跟借入款償還，什麼時候付利息，什麼時候還錢，要估計一下。

收入支出列完以後，接下來就是收入超過或低於支出數，這是把收入跟支出相減，得到一個數字。最後是期末餘額，期末一定要有餘額，一缺錢就慘了，這樣一定會跳票的。當期末出現餘額不足時怎麼辦呢？這要看是票據貼現或是借入款項。譬如說，老闆自己掏腰包，那也算是借入款項。那是向老闆借的，公的錢和私的錢要分得明明白白。再下面是未到期應收帳款、末到期應收票據、跟未到期應付帳款。因為十二月至一月的有關金額已經算到表中去了，所以表下的各項金額是列二月

以後的餘額總數，要分項列出。

關於銀行存款的管理，一方面要掌握現在跟將來的需求，一方面我們對於收支要預估，這樣我們就知道什麼時候缺錢，什麼時候有錢多出來。當然不能夠讓它缺錢。這樣的話，我們就可以照計劃來作，相信對銀行的存款就可以掌握得十分明白。

第四節　現金收支的管理

資金有如企業中的血液，現金則如血液中的紅血球。紅血球職司輸送氧氣和營養至身體各部份，使人體得以生存及成長。現金亦然，企業中的機器、人工與費用等等，非錢莫辦。即使是以賒賬方式購買，當帳款到期時，仍須以現金償付，如果沒有現金，於個人言，可能一錢逼死英雄漢；於企業言，則可能遭受倒閉清算而致一蹶不振。

在企業中，「現金」非僅指花花綠綠的鈔票，凡是立即可以支取現金的票據亦屬之，現金又以不受限制，隨時隨地可以作為購買力為特性。違反此項特性，便不得視為現金。

1.庫存現金

握存在企業手中的現鈔屬之。現金最易發生流弊，須嚴加管制，其最高原則為「一切收款，悉存銀行，所有支出，悉開支票」。因此，除當日收款來不及存入銀行者外，「零用金基金」應為僅有的庫存現金。

由於一切收款悉存銀行，企業爲應付日常零星支出（例如定爲每筆 500 元以下），乃預估一段時間（例如二週）的需求，一次撥出一筆定額基金，以便逐筆付現，直至基金將用罄時再行報帳補入。這種零用金制度，可見以支票支付眾多零星支出之煩，爲執行上列原則所必須。

如果業務人員經常需有零星開支，例如車費與小額交際費等，可一次撥借若干，仍於將用盡時報帳補入。此項借款，屬於暫付款，並非現金。

2.銀行存款

存在銀行隨時可以動支的存款，才是現金。

⑴活期存款

例如甲種活期存款隨時可用支票提現，銀行不付利息，其即期支票可視爲現金；乙種以存摺及取款條領款，其餘額均可視爲現金。以目前商業習慣言，甲活存算是現金類最重要的分子。銀行中的透支戶，在授信額度內，雖然可以隨時提取現金，但性質屬於流動負債，不得與其他銀行存款賬戶相抵沖。

⑵定期存款

定期存款因中途可解約提現，可視爲現金，若以定期存單向銀行質押借款（可達 90%），則所貸款項應列爲流動負債。

⑶專款存戶

專款存戶不論是活期或定期，如按法令或契約規定不得由企業自由動用，例如公司基金或員工退休金專戶等，就不得列爲現金。

⑷停業銀行中的存款

能夠提回若干，何時可提回，均屬疑問。應列為應收款項，不得視為現金。

3. 遠期支票

遠期支票到期才能兌現，目前並不能充作購買力，屬於應收票據性質。如以之向銀行或親朋質押調現，仍屬負債性質。

4. 郵票

部份企業在銷售時，亦有收受郵票以代現金事情。郵票通能用於郵寄，不能持以購物，不得列為現金，應列入文具用品盤存項下。

5. 職員借支

屬於暫付款，並非現金。職員借支應盡可能減少，且必先經高級人員核准，以免氾濫；因業務而需小額借支時，應由「零用金基金」支應，並於事畢時迅速報帳歸墊。

企業中的交易，大部份與現金有關，有錢能使鬼推磨，現金之可愛，猶如「人參果」，為防偷吃，惟有善加管理。

現今管理最重要的方法，乃是設立完善的內部牽制，從制度上嚴密加以防範控制，此即孫子兵法上所說考慮利益以完成任務(雜於利，而務可信也)，考慮害處而巧避防範(雜於害，而患可解也)。當舞弊行為發生時，當事人當然必須擔負道德上及法律上的責任，但若企業制度不健全，則不便不能防微杜漸，而且處處恍如引誘他人舞弊，在道義上的責任恐亦不能免，如有損失亦難自辭其咎。

第五節　資金如何順利週轉

　　企業經營的目的有二，第一是利潤的獲得，第二是經營的持續；換言之，賺錢固然重要，而能否繼續經營亦同等的重要！企業若要達到第二個目的，捨資金順利週轉之外別無他法，可見它對於企業的影響力！惟資金週轉是否靈活，到底亦只是企業經營結果是否良好的一種表徵，因此若要避免資金週轉不靈，必須探本溯源，找出其病症所在，徹底的加以根除不可，否則，即使能獲得週轉於一時，而病根不除，終有復發的一天！況且經營者，若被迫一天到晚將寶貴的時間，花在調頭寸上面，將沒有時間為明日的發展而籌劃，結果將使企業失去更上一層樓的機會。在藉此年關，大家都在為調度資金而忙碌或進行年終大檢討時，針對中小企業如何避免資金週轉不靈，略紓管見，並簡單分析資金發生週轉困難的原因及其對策，以供參考。

1.資金調度工作，要未雨綢繆，預先籌劃

　　企業要預防資金週轉不靈，最具體的方法是，要作好資金管理計劃，在每一預算期間內擬訂好「資金運用表」，以便掌握資金的動態。因調度資金，非一朝一夕之功，故至少需要提前六個月或一年以上，使用正常的方法去準備。

　　所謂正常的方法，是指根據正確的資產負債表，從其科目中去尋找資金調度的方法；例如可以從借方科目中的應收帳

款,加強現金的收回,又可從貸方科目中的應付帳款,去請求交易對方延期付款等。所以中小企業要有健全的管理及會計制度和能正確反應經營結果的財務報表,才能做好資金調度計劃,否則等到拍賣商品,調換支票,停止應付帳款,展延支票限期以及借高利貸等病狀一旦發生,定會動搖企業的信用,屆時,再想去調度資金,恐怕就很困難了。

2.分析週轉不靈的原因,設法予以改善

獲利而有盈餘的企業,為何會發生資金週轉不靈的導致所謂「盈餘倒閉」的結果呢?考其原因,不外是:

⑴收存的客票,或背書轉讓他人的支票,不能兌現或應收帳款不能回收

若此一數目很大,會引起金融機構及交易企業的警戒而影響企業的信用,所以企業在平時,就必須作好顧客的信用管理,並致力於債權的回收。

⑵融資銀行或關係企業改變其方針

在平時,從金融機構或關係企業獲得一定融資或支援的企業,因該金融機構採取銀根緊縮的方針而縮小融資的範圍,或關係企業為應付不景氣,將一向外購的產品,改為自己生產而突然停止訂貨;或本來系大量採購的客戶,因產品滯銷而縮小生產規模,結果將使預定的訂貨量減少等等,都可能使企業的資金週轉發生困難,針對此弊病,企業在平時就要改善管理體質,使其具有獨立自主的能力,不要過份依賴某一大企業或銀行,要多接洽幾處可予支持的地方,以便分散危險。

⑶企業內部管理不善

例如開出支票，卻忘了記在帳簿上，或業務員捲款潛逃，往往都會使企業的資金調度發生困難，爲防止此一毛病，企業一定要預備好內部牽制制度。

⑷多角化經營，新投資事業或新產品開發失敗

多角化經營，雖有分散危險的好處，但是在不景氣時，其中任何一部門都可能同時發生危險，結果其危險不但不分散，而且有集中加倍的可能；多角化的組織方式，可以採用利潤中心或不同公司名稱的方式，但因其關係密切，依然會相互連累，發生循環性的困難，另外，危險性較大的一種情形是，將企業的運用資金，投資於週轉性較慢的投機事業，如不動產事業，或其他風險較大的事業。

其次，論及經營發生虧損的企業，因其本來就資金不足，當然更是可能發生資金不易週轉的現象，雖然它亦可能獲得一時之週轉而渡過難關，但是頭痛醫頭，腳痛醫腳，不如實施根本治療，所以最好的方法是找出虧損的原因，徹底予以改善。

一般來說，中小企業之所以發生虧損，揆其原因，不外是，濫發支票、借錢過多，產品滯銷、收入減少、削價求售、成本過高、投資過大、存貨太多、設備閒置、生產力太低、對新事業的投資失敗、帳款回收不良、事業會計與家計不分、經營者的不專心或人事管理效率的低劣等等，其結果是企業的體質惡化，收益減少，最後導致資金的不足。

第六節　企業如何改善財務管理的效能

在談及如何改善中小企業的財務管理效能之前，我們得先看看中小企業財務上究竟有那些「待改善」的特質，這些特質包括：

1.自有資金不足，資金成本高。

2.經營家族化，負責人多系由業務經驗累積經年之後自行開業，普遍缺乏財務上的經驗與調度能力；同時由於財務會計人才的不足，財務會計制度未臻健全。

3.由於企業知名度不夠或因成立時間不久，信用未著，再加上融資工具或擔保品的不足，融資不易。

4.票據知識不足，常以私人信用替代企業信用，更糟糕的清況則是支票的誤用，使資金的風險更爲提高。

5.企業經營缺乏全盤性與長期性的計劃，頭痛醫頭、腳痛醫腳，往往由於一兩件的突發事件，便使企業多年的心血付諸東流。

資金是企業經營的血液，中小企業由於有上述的缺點，所以在資金籌措上便較大型企業困難。針對這些問題，中小企業在籌措資金時，首先必須瞭解企業資金的長短期需求，謹守「長（短）期用途必須以長（短）資金支應」的原則，固定資產應以自有資金來支應，如果不足，也僅能退至以中長期信用支應。萬

萬不能以短期信用支應；經常性週轉金也應避免以短期信用支應；至於短期或季節性的需要，則以利用商業信用為上上之策，如果有必要，則再利用銀行信用。

此外，針對上述融資工具與擔保品缺乏的弱點，可以充分利用中小企業信保基金的信用保證來獲取必要融通。合會、信託公司、租賃公司雖在成本上較為昂貴，但融資和融物都較方便，亦不妨考慮；民間借貸的利息太重，少用為宜，如有必要也應找有交情的人商借，免得惹來銀錢之外的糾紛。如果舉辦員工存款以吸收資金，則必須慎防集體提存的危機，因此宜以借款的方式辦理以減少風險。銀行是籌措資金的最佳場所，也是中小企業在財務調度上一定要打交道的地方，選擇往來銀行時，除應選擇業務性質相當、地點鄰近、服務靈好、資金雄厚、作法新穎和具有人緣關係的銀行外，須注意不宜獨家往來？應該多開幾個賬戶，但也不宜過分分散，矯枉過正。

各銀行所提供的各種融資中，廠房廠地的資金需求可利用專業銀行的長期信用；購置機器司利用專業銀行或一般銀行小的中期信用；亦可利用信託投資公司及租賃公司之財務租賃；存貨則可申請國內遠期信用狀融資，而以信託佔有的方式提供擔保；若有應收票據，亦可持向銀行辦理貼現或客票融資。如果有外銷業務，則可憑外銷信用狀申辦低利外銷貸款，D/A、D/P及訂單亦可申請外銷週轉金貸款。

如果往來銀行說他們缺乏頭寸，則可請其保證發行兩業本票，在票券市場上取得資金；如果因擔保品不足而無法獲貸，則可申請中小企業信保基金保證。請注意，維持適當的存款餘

額，是與銀行往來的秘訣。

　　最後，建議中小企業要採取穩健經營的原則，求適度成長即可，不必要求快速過度成長，似避免承擔過重的財務風險。同時，爲了彌補人才不足的缺憾，最好能利用政府的輔導機構並隨時請教專門的職業人才。

心得欄 ---------------------------------

第 *10* 章

中小企業的融資診斷

第一節　向銀行貸款應分散往來

　　不少座落在臺北舊社區的商戶喜歡單獨跟一家銀行往來。他們堅持「定於一」的理由，不外乎交往時間久，感情深厚，以及彼此瞭解多，辦事容易等。集中與一家金融機構往來，的確享有「相處融洽，手續簡便」的好處，如果能夠取得銀行經理信任，願意提供充足的財務支持，更是「魚兒水中游」，得其所哉。不過，天下沒有白吃的午餐，如果不是企業根基雄厚，如果不是企業常有大筆存款實績，那麼現實的金融機構，早就反臉相向，棄您而去啦。

　　許多公司，尤其是羽毛不豐的中小企業，經常面臨下述兩種局面：

　　1.申貸獲准，但是動撥的時候，銀行突然來個「額度已滿，

敬請稍待」。

　2.急需用錢，可是貸款申請提出久矣，卻毫無下文。

　第一種情況，「額度已滿」只是其中原因之一，其他如經理授權變動，或資金緊俏，金融機構本身已需向外拆借等，都會讓借款人處在「逢大旱，望雲霓」的困境。

　銀行法對金融機構敘做放款業務訂有種種規定，例如「商業銀行辦理中期放款之總餘額，不得超過其所收定期存款總餘額」（第 72 條），再如「各信託投資公司承做國內外保證業務之總額，以不超過該公司淨值之五倍為限，其中無擔保之保證總額不得超過該公司淨值」（信託投資公司管理規則第十八條）。萬一金融機構放款已達限制標準，再無額度使用，借款人只有徒呼負負了。

　銀行對其各營業單位經理一般均給予授信權限，在資金緊俏時期，偶會收回，碰到這種節骨眼，借款人再怎麼拜託，銀行經理也沒有辦法幫忙。

　第二種情況，申請貸款無著落，也有多種可能，譬如條件不合、額度已足、不符銀行之授信政策等。

　每家金融機構在辦理授信（包括貸款和保證）時，都有各自特殊的規定，而信用評等方式也不盡相同，這家不許那家准，是經常的事，因此，工商企業的財務人員，除非真有把握，可以在需要時取得充裕資金，否則只與一家金融機構保持關係，不啻自尋絕路。

　社會變遷的結果，銀行經營方式已大異往常，尤其銀行從業人員的流動相當迅速，在這種情況下，企業與銀行透過感情，

保持長久密切關係已不可得，一切都要從現實觀點考慮，與獨家銀行保持往來似乎不是明智的做法。

當然，分散往來也有缺點，例如無法做好實績，貸款額度難以擴大等。要決定在若干家銀行開戶，實也是一種「兩難式」的選擇，企業宜乎斟酌本身規模大小，以做定奪。

第二節 中小企業的融資診斷

為能透視資金在企業經營中運轉的情形，可以將企業分為生產部門與管理銷售部門兩個單位加以剖析。

在生產部門中，企業的長期資金投諸於購地建廠與改善、充實機器設備；短期性營運資金則用於僱工、購料、製造生產方面。在管理銷售部門中，企業的長期資金供應於裝設營業所、增置事務機具；短期性營運資金則支付於進貨、管理、銷售一推廣及催收帳款的費用支出等。因此，企業為謀自有資金的充裕，宜避免過度的擴張，以減少對長期性資金的需求；設法降低存貨，積極催收帳款，來縮減對短期性資金的依賴。

但是目前中小企業多採低度自有資金比率的經營方式，在經濟景氣時，此種方式的經營或尚有利可圖，遭遇不景氣時，卻易因資金短絀而發生營運上的危機，那就非銀行的「融資」進補治療不能解困了。

一、部門不同、長短期不同、資金運用也就不同

　　銀行的融資是藥,可以舒筋活血,可以紓解企業的營運困難,但是下藥必須對症才能病除——短期的週轉貸款與長期的資本性貸款兩者性質完全不同,用途當然有異。倘若以銀行長期性貸款移做短期週轉之用,不僅有礙於企業的成長茁壯,並且是浪費資金;但若以短期性質款做長期投資而盲目的擴張,則是飲鴆止渴,勢將難逃失敗的厄運。

　　資本性融資,屬於長期性,多支應於生產部門的建立廠房或更新機器設備;或購置管理銷售部門的事務工作機具等。

　　週轉性融金若按實際需要,則在生產部門有四種,即:

　　1.購料貸款。

　　2.信用狀貸款。

　　3.保證(信用狀保證、進口機器保證、承包工程保證、稅捐記帳保證等)。。

　　4.開發即期,遠期信用狀。

　　在管理銷售部門則有:

　　1.一般週轉性貸款。

　　2.擔保透支及無擔保透支。

　　3.外銷貸款。

　　4.票據貼現、承兌。

　　5.應收客票週轉金性貸款。

　　6.出口押匯。

融資既然是「藥」，服食過度則難見產生「副作用」；中小企業對其需要應有適當的節制。因為對貸款的「依存度」太大，一旦銀根緊縮，不但週轉更加困難，而且由於利率升高，融資成本增加，乃致利潤不敷利息支出，可就得不償失了。更何況國內銀行授信作風大多保守，融資規定嚴格，中小企業向來貸款不易，尤其在經濟不景氣時，更容易面臨求借無門的困境，如果對貸款的依存度太大，那後果就更不堪想像了。

二、我需要錢，銀行有錢，為什麼借不到錢

分析中小企業貸款不易的癥結，可以歸結到本身及銀行兩方面的因素。就內在因素而言，主要有：

1.家庭形態：欠缺專業管理，經理人即所有人，總攬生產、採購、銷售、財務、人事等一切事項，既缺營建計劃又難接受外界專家或下屬的意見。而且自有資金本就不足，卻又不歡迎外來資本加入，遭遇經濟不景氣時，當然要捉襟見肘，發生週轉上的困難了。

2.會計制度不健全：財務報表不實，往往為了避稅，隱藏真實財務結構，以致獲利能力及發展前途不易從其會計報表上予以確認。

3.生產設備差，技術落後，以致產品品質不佳，競爭能力弱，獲利率偏低，償債能力有限；經營者如果又缺乏市場觀念，只待顧客上門訂貨的買賣，極少從事市場調查研究，成長自然緩慢，成長緩慢的企業，銀行自然不能放心。

4.不知道適切運用銀行融資，而流於濫用，往往以短期資金移作長期，以致逾期無法償還；甚至尚有不知如何申請銀行貸款，乃惟有乞求於黑市者。

另一方面就銀行因素而言，則有：

1.中小企業的賬載不全，財務報表欠詳實，銀行在信用評估上極難準確；如果又提不出適當的擔保品，銀行面臨呆賬威脅，風險太大，當然不願辦理貸款。

2.業者自有營運資金少，所需貸款金額雖不大，但筆數甚多，造成銀行放款單位成本的增加；而對中小企業融資的獲利率偏低，風險特高，使催收追訴的成本提升，也使銀行在態度上不願積極。

3.中小企業大多企盼長期低利的貸款資金，但其獲貸後所創造的存款貢獻不大，對銀行業績幫助甚微；而由於亟待融資者數量甚多，匯為巨大金額，實非一家銀行能夠負擔。

4.財政金融主管機關對放款作業規定十分詳細，中小企業大多難以符合審核規定，無法辦理融資。

事實上不論是中小企業本身的因素也好、銀行方面的因素也罷，主要的癥結與解決的方法仍在於中小企業自己，如何去瞭解銀行的融資作業、如何改善企業體質、改善財務報表的編制，以及如何志清融資的長短期功能，都是中小企業要取得銀行融資的必要努力。

三、企業的向銀行貸款的五原則

在學理上，銀行放款作業有所謂「授信五原則」之說，即評估授信案件的五項參考依據：借款戶因素(People)、資金用途(Purpose)、還款來源(Payment)、債權確保(Protection)與借戶展望(Perspective)──因其英文字均以 P 開頭，亦可稱爲五 P 原則。中小企業申請貸款時，若能妥爲分析準備，儘量配合此五 P 原則；而在與銀行各級辦理放款人員晤商、洽談時，剖析解說以獲得其好感和信任，則融資的獲取，必能事半功倍、無往不利了。因此，五 P 原則不僅是銀行的「授信五原則」，也可做爲中小企業的「貸款五原則」。

中小企業如何善用此五項原則？依企業性質而各有差異，茲將一般宜注意事項，概述於後：

1.借款戶因素(People)

企業經營者在洽商貸款時，應把握下列要點進行：

⑴表達經營者的學識幹勁、經營能力與責任感、自信心。

⑵確實瞭解企業自身的歷史沿革、組織形態和業務性質，以備詢問。

⑶略述與同業間的交易情形，藉以表達其在業界的地位。

⑷強調其與銀行往來開系的密切，拉攏感情。

2.資金用途(Purpose)

中小企業往往由於不易提出完整的財務報表，固對申貸資金宜有合情合理合法的用途解釋，以說明貸款資金不會流於濫

用。尤其是中長期性的資產設備貸款，需於事前擬定用途計劃，按本身還款能力以分期攤還的方式申貸。通常所謂臨時性、季節性的週轉金貸款，乃是依企業經營的旺季與淡季所需差額爲準：倘若財務報表年度營業額僅二百萬元，而希望申貸三百萬元週轉資金，實屬不當，自應注意避免。此外，資金用於償還既有債務或以借款代替增資，殊屬不佳，千萬不要據以申貸。

3.還款來源(Payment)

中小企業的還款來源與資金用途有關，是銀行放款主辦人員一定要明瞭的。一般的還款來源約有下列三項：

(1)因交易行爲確實取得的應收客票(遠期支票)，兌現後可如期償貸。

(2)作爲營運週轉流通所需，而進一步取得之銷售債權，如出口之信用狀等，可望收現後償貸。

(3)仰賴未來之盈餘、折舊與增資。

其中以前二項系屬自償性貸款，最具說服力，可多加運用；倘若此類貸款爲經常性需要，可用預先核定額度的方式循環運用，以縮短銀行授信作業時間，提早獲撥貸款，不妨好好利用。

4.債權確保(Protection)

債權的保障可分爲：

⑴內部保障

①企業更好的財務結構。

②擔保品。

⑵外部保障

第三者的保證──個人、銀行或信用保證機構對銀行承擔

借款戶的信用責任。

　　一般中小企業的財務結構不佳，擔保品不足，因此積極利用外部保障，乃是必然的手段。倘若無法覓得殷實之私人保證，不妨主動要求銀行代爲申請中小企業信用保證基金的保證，以解決困難。

5.借戶展望(Perspective)

　　在中小企業裏有許多屬於創業的廠商，他們的營品可能是專利新產品，或具有新的服務性構想，遠景美好；申貸時，可特別強調說明，以鼓舞銀行輔助投資的勇氣。

　　如何鋪設一個合理便利的融資環境，以紓解中小企業的經營困難，政府財經當局及國內各行庫固然不能免責，但是企業本身需知「自求多福」的道理，既有的先天缺陷應力謀改善，融資難題則已解決泰半。

心得欄

第三節　中小企業資金籌措、管理與運用

　　「資金」(Capital)在企業經營體系中，猶如人身內的血液，促進其營運的合理運行；資金對於中小企業特別重要，成為其營運上的命脈，故一個企業理應擁有適當數量的資金，過多或過少均不恰當，唯有保持適足的資金，才能使其業務順利推展。然而為數眾多的中小企業，不但財務結構頗為脆弱，如之缺乏完整的會計制度，因而無法掌握整個資金的來龍去脈，以致發生資金運用上的困難。值此經濟不景氣之際，極冀中小企業藉此機會改善企業體質、廣辟財源，並建立合理的財務與成本會計制度，編制資金運用的預算，進行資金妥善的管理，同時配合資金的流程，輔以較佳的報表(如資金來源去路表、財務分析表及現金收支表等)，將有限的資金，作最合理的控制、調配與運用。

一、中小企業資金缺乏的原因

1.財務方面

⑴家族化經營

　　國內的中小企業，普遍採用家庭或家族式的經營，組織的成員不多，資金來源有限，所能吸收的資金太少，往往造成自

有資金的欠缺。

⑵缺乏理財的能力

中小企業，業主大多由業務人員或技術人員出身，理財的觀念很淡，加之缺乏財務的經驗與調度的能力，導致企業資金的不足。

⑶難以建立完善的會計制度

由於多數中小企業業者不太重視帳務處理，疏於會計人才的羅致，無法設立健全的會計體系，且不能採用現代化的財務管理，致使財務失措，資金週轉不當。

⑷信用薄弱

一般中小企業常因規模不大，財務數據不全，而無法滿足金融機關徵信的要求，或因無力提供十足的擔保品，不能提升其信用度，因而發生融通資金上的困難。

2.經營方面

⑴經營條件較差

中小企業往往與金融機關往來較少，並缺少業績狀況及經營計劃，而且在資金用途、償還計劃等方面，較難符合金融機構的審查標準，就不易獲得其足夠的貸款數。

⑵經營容易虧損

中小企業常因經營管理失措或生產效率較低等因素的影響，資金流入不足以支付資金流出。

⑶貸款數不易配合業務所需

由於向金融機關辦理融資手續需要一些時日，且以短期貸款較多；再加其他如私人借款的數量與期間皆有限，致使貸款

數甚難配合企業長期經營的需要。

⑷資金的配合運用不當

許多中小企業業者常以籌集的短期資金，以繼續展期的方式當作中長期資金投資使用。以致使資金與需要無法配合，經常突然失去到期貸款還款的財源。

⑸企業的商譽難顯

中小企業或因成立時間不久，或不重視宣傳，複以市場佔有率不高，導致企業的名度不彰、商譽不顯，因而不易取得融資。

⑹企業的內部控制不當

中小企業業者對經營管理，常憑本身經驗隨意行事，缺乏完整的內部流程控制體系，極易產生流動資產的僵固，從而使資金週轉困難。

⑺資金運用風險的增加

由於業者缺乏票據知識，恒以私人信用替代企業信用，並常誤用支票，而提高資金運用的風險。

⑻容易發生資金週轉失靈

中小企業在資金方面每每忽略預算的編列及資金使用計劃的擬定，使得企業資金運用、管理、籌措績效不佳，容易造成資金週轉失措的現象。

3.其他方面

⑴融資消息欠靈通

中小企業輒因缺少調查與研究，而不能充分明瞭各銀行的融資服務消息，等到聞風而及時，不是貸款減少，就是貸不到

款，而居於告貸的下風。

(2)債權兌現困難

由於資金來源突發性的變化，如債務人惡性倒閉，使得帳款無法收回或票據難以兌現，造成資金不易週轉。

(3)遭受金融市場波動的影響

當經濟景氣低迷時，中小企業易受金融市場信用緊縮、銀根緊俏等不利因素的衝擊，難以獲得及時的融資。

(4)金融機構審查較嚴

金融機構對放款的審查，不但重視借款者的經濟能力、管理狀況、資金用途、償還計劃、債權保障、企業的發展等，而且更進行徵信調查，觀察與銀行本身往來情形，還要審查其財務結構。中小企業者不易提出上開各種數據，不能滿足其審查標準，故較難取得可靠的資金。

二、中小企業資金籌措的原則

1.經常性週轉資金及固定性流動資金或固定資產資金，應以中長期理財方式籌措。

2.變動性及季節性週轉資金或變動性流動資金，則以短期理財方式籌措。

3.短期性資金需要數量的多寡，應視進貨、費用、帳款收回時間及盈餘分配情形而定。

4.中長期資金以向貨幣市場或資本市場籌集為原則，切勿以短期資金展期因應。

5.各期資金籌措時，須考慮本身的自有資金、資金成本、投資報酬率等問題。

三、中小企業資金籌措的方法

1.短期資金（一年以下）籌措的方法

⑴利用交易信用（trade credit）方式

可由買方簽發收購或本票、匯票、支票，向賣方賒購原物料或商品，俟一段期限後，再償付貨款，如此即在賒帳中，企業利用應付票據，應付帳款或貨款等延期付款方式，以節省資金開支方式取得流動資金。

⑵獲取銀行短期融資

中小企業業者就近或在熟悉的銀行存款，俟一段時間後，即可向此往來銀行，以抵押、信用及透支或專業融資等方式洽借款項，取得短期資金週轉。

⑶發行商業本票

依法登記的中小企業，覓妥銀行、信託投資公司或票券金融公司保證後，委由票券金融公司簽證、承銷、屆期指定其往來銀行擔當付款，即可得到短期資金融通。

⑷出售交易票據

中小企業經實際交易行為而執有可轉讓的本票商業承兌匯票及銀行承兌匯票，得與票券金融公司洽定交易票據買進額度，經訂約後可依市場行情，於訂約額度內出售票據給該票券融公司，從而獲取短期資金。

⑸**出售應收客帳**(factoring)

中小企業的應收客帳如過巨時，可將這些客帳付與應收客帳承受商，如此企業僅需付墊款日至到期日的利息，就能獲得現金融通。

⑹**吸收社會遊資**

社會的短期遊資，特別是員工、親友、家族性的閒置資金，乃是中小企業主要的吸收對象，對於充裕短期流動資金有莫大的幫助。

⑺**獲得供銷商的特別融資**

資金雄厚、規模龐大的供銷商，爲了拓展銷售市場，常給予中小型廠商或批發商、零售商短期的資金告貸，協助其在營運上資金的週轉。

⑻**以私人名義取得借款**

如以農、漁會的會員或信用合作社的社員資格，取得擔保或無擔保貸款；另外可以自助互助方式：籌集所需的資金，就像國內相當流行的互助會即是；尚可以私人間的信用及交情，彼此互通有無，週轉所需的資金。

⑼**客戶預付貸款**

中小企業在履行各交貨契約時，可要求資金不虞匱乏的客戶，先行預付部份貸款，期增生產資金的運用。

⑽**申請項目貸款**

許多銀行及其它金融機關有各項項目貸款，其中一年以下的短期融資，如進口民生日用必需品及主要工業生產原料貸款等。

⑾利用記帳關稅

只要依法登記的中小企業,對其外銷品進口原料稅捐,先採用記帳方式,即可取得銀行保證的授信融資;或俟產品外銷再行沖稅結帳,以節省現金開支。

⑿吸取國外融資

可直接向國外有關機構獲得短期借款,或以國外金融機構開發的短期信用狀、D/A(承兌交單)D/P(付款交單),向國內銀行辦理信用狀及托收方式外銷貸款。

2.中期資金(一年以上、七年以下)籌措的方法

⑴利用企業內部資金

由企業歷年盈餘中,提特別公積金,以此累積的保留盈餘,作特定目的運用的較長資金來源。

⑵向外吸收資金的投資

鼓勵親朋好友的參與經營,吸收其入股金或合夥金;或業主轉向外告貸籌款增資的來源?以充裕中期資金。

⑶從金融機構獲得貸款

業者可以抵押方式,向其往來銀行取得中期借款,如進口機器、中小型民營工業貸款等;或以企業的卓著信用,獲取往來銀行二、三年的中期無擔保放款。

⑷由保險公司取得融資

業者先以企業的固定資產辦理產物保險,或以其本身投保人壽保險,再提供抵押辦理物險貸款或壽險貸款。

⑸向廠商獲得資金融通

中小企業可與供銷商聯繫,得到製造商或廠商所予資金方

面的優惠，如獲取其分期付款或借款，以利其中期資金的週轉。

⑹取到項目融資

多的機構提供項目融資，透過金融機關辦理中期貸款，如中央銀行對生產企業進口機器外匯貸款及對技術密集工業、主要出口工業外匯融資，青輔會提供的青年創業貸款。經濟部煤業合理化基金保管運用委員會提供改善煤場貸款。

⑺租賃方式獲取資金

利用租賃方式取得固定資產的使用，可降低資金的成本，並節省資金的運用，因此中小企業可向租賃公司租用機器等固定資產，不但提供額外的融資來源，而且亦可增加資產擴大企業的信用額度，租金又可以費用記帳，減輕稅負。

⑻從國外獲取融資

中小企業可向國外公民營團體借款，爭取外人或華僑直接投資，或利用外國廠商分期付款信用，從而得到更多資金來源。

3.長期資金（七年以上）籌措方式

⑴提折舊準備金派充

中小企業對固定資產的折舊，採用備抵折舊方式使固定資產符合現況；如合乎稅法或獎勵投資條例的規定，更可以採取加速折舊，迅速累積折舊準備金；由這些提出的備抵折舊準備金，往往作為長期資金來源，成為報廢的固定資產之重置資金。

⑵出售閒置的固定資產

由於生產方式改變及技術的改良，或其他的原因，而造成若干固定資產的閒置；若閒置不用，不但造成折舊損失也積壓了資金，故適時出售此項資產，有助於長期資金的流通性。

⑶向金融機構籌資

金融機構辦理長期融資並不太多，僅少數專業銀行及信託投資開發公司辦長期貸款，貸款項目如進口機器及建廠貸款、長期輸出融資，相對基金貸款等，中小企業可就其需要而獲此長期貸款。

⑷攤提盈餘金撥充

在盈餘分配表中，每年酌增保留盈餘或特別公積金，指定作爲特定的用途，累積成長期資金；在提撥這些準備外，企業可另行設置長期資金，俾供公司長期保有良好的運用資金來源。

⑸發行股票或債券

中小企業若爲股份有限公司型態，則在新設或增資時，均可發行股票，按公司法規定增發普通股及優先股，籌集長期所需資金；另外公司又可發行抵押債券、信用債券、本票或其他債務憑證。以此種公司債或其他債券，委託金融機構代銷，藉著這種方式亦可籌措長期財源。

心得欄

‧‧‧

第四節　中小企業資金的管理

一、中小企業資金管理的原則

1.資金的來源與用途必需相互配合,避兔過與不及的現象。

2.資金的結構必需保持平衡,確實掌握資金的動向。

3.資金的屬權及運用權應操在企業手中,不能侵害企業自主。

4.週轉資金應保持迅捷,不該停滯或誤用。

5.資金運用常求合理,並注重其流動性、安全性及經濟性。

6.務期靈活調度資金,且其償還不致影響企業生存。

7.依據資金變化不確定的程度或可能遭受的風險,訂定其使用的適當決策。

二、中小企業短期資金的管理

1.現金的管理

⑴迅速獲取現金

欲加速帳款收回,須將帳單盡速寄出,設法改進帳單處理程序,避免積壓,即可早日收現。同時,在支票兌現時應集中處理,簡化其作業過程,減少等待現金運用的現象。對於現金

的投資，不應集中在帳款賒欠較大的產業上，所生產的商品當求其很快的轉換成現金。充分利用銀行電匯制度，迅速取得債務人匯入的現金；所存入銀行的款項以適量爲原則，降低現金的呆滯。此外，爲加速收現，當給與購貨人定額的現金折扣。而在購貨及物時，儘量以賒欠或開票據方式，節省現金開支；或採租賃而不購買，亦可保有現金應急。

⑵內部現金的控制

關於企業內的現金管制，當採用錢帳分管的辦法，由出納人員管錢、會計人員管帳，並建立查庫核帳制度，由稽核人員或指派專人不定期抽查，務期錢帳相符；如兼採帳務人員輪調辦法，當可避免出納與會計人員舞弊行爲。若企業有分支機構時，總機構可以預算控制其業務用現金支出。

⑶現金收入的控制

企業收到現金後，立即入帳，且當日送存銀行，並開出收據依次編號留底；收現者若是銷貨人員或其他人員時，應連同發票集中送至出納處匯辦。如客戶函送現金或即期支票及匯票償債時，應當由承辦人二人以上共同處理，即時填妥收據清單，並簽名蓋章以示負責，再送交出納與會計員入帳。對於現金流出入大的企業，應設置收銀機，收款人員亦當即收即記；此外，帳務員應常常核帳點現，特別注意應收帳款的兌現，以防止早收遲記。

⑷現金支出的控制

企業爲免除預留款項以備付款，可要求債權人在本企業收到客帳款項最多時間來收款兌現；並爲保留較多資金運用，應

在折扣日期始付款。而在企業內除現金撥充零用金或零找金外，其餘有開現金支付，一律簽發支票；當先對進貨及其它單據加強驗收與檢查，據以編制付款憑單或現金支出傳票等記帳憑證，作覓簽發支票的根據，前項發票憑證經發票後，即在憑證上加蓋「付訖」戳章，以防支票重覆簽發；此項支票的簽發應經二人以上共同簽章處理，以減少錯誤與舞弊；對廢棄支票須標明「作廢」字樣，並黏付支票簿存根上備查；此外，應收帳款付款時，當經常核帳，避見早記遲付的現象。

2.應收帳款的管理

⑴收帳策略的妥擬

依照前期實績預計應收帳款的限額，或總銷售額度定一定比例的應收帳款，作為管理的標準；再分析顧客的財務及信用狀況，定出其安全信用限度，作為核給應收款項的依攘；然後按收款的邊際收益(marginal revenue)大於收款的邊際成本(marginal cost)，視實際情形訂出合理的收款政策。

⑵收款條件的決定

當視企業的生產能力及銷售狀況，確定給與顧客的付現折扣及賒銷信用期，帳款的收回通常依據銷貨情形而定。收款系由銷貨中扣除退貨與折讓、商業折扣及現金折扣，其淨額作為收現的依據，因此在客戶淨額時，折扣須由銷貨發票數中減除，將折扣數與收現數分別記錄，並貸記應收帳款毛額，俾轉銷原有交易的記錄。另外，企業應儘量縮短應收帳款週轉率，加速帳款的收回。

⑶帳款催收的管理

應收帳款催收應保持良好風度，避免損害企業聲譽；經常衡量催收效率，勿使催收費用超過催收所得；且在賬款催收時，應保持鬆嚴適中，既不使壞帳增加，又不使銷貨受限。 4.應收款的內部控制：企業負責登錄應收帳款記錄人員不得以現金出納人員兼代，並由專人查核郵寄給客戶的付賬單，以確保帳單金額與應收帳款登錄額相符；主管當核准壞帳的沖銷、賒銷的條件及限度、商業與現金折扣，退貨及折讓，定期查核過期帳款及統制帳、明細帳，適當保管應收帳記錄。

3.其他短期資金的管理

⑴應收票據的管理

企業對於應收票據，應注意慎選授信對象及事前的徵信〔通常以品德(character)、能力(capacity)、資金(capital)、抵押品(collatera)、企業條件(business condition)等 5C 來衡量〕與事後的催收，並可據以貼現或轉付來提高資金的週轉。票據取得時不論有無附息，常以票據面額入帳；但如爲長期應收票據，應以票據的現值作爲票據價值的依據。若應收票據到期尚未收回，應加註明，已確定無法收回，則不再列入資產內，依照票據法，應收票據可以背書轉讓他人，如在到期前轉讓者，則應先調整應收未收利息；票據經向銀行貼現後仍負被追索責任，並在帳上作爲應收票據減項科目處理。

⑵其他應收款的管理

如員工借支、未收股款及應收未收的租金、利息、傭金等，可綜合列在帳上，但超過應收款項百分之十者，應分別列報定

出適當科目,並隨時注意歸收;有關應收未收的收入部份,當確定其權責的歸屬,並於每期期末作適當的調整。

⑶**預付款項的管理**

如預付水電費、保險費、廣告費等各項費用及預付購貨款等,亦當雁知其權責問題,並於期末作調整,期與實際相符;另應劃出固定資產款項,轉入固定資產項一下。

⑷**短期投資的管理**

中小企業在經營業務中遇有短期的多餘資金時,可於證券市場購買股票及貨幣市場購買商業本票,可轉讓定期存單、國庫券等,或至金融機構購買公司債,待需用資金時隨時出售,以謀求利益之所謂短期投資,承購這些有價證券等時,應力求不呆滯資金以謀取短期利益,所購有價證券須注意其價格穩定,並有市場隨時可出售,俾便急於變現;企業取得短期投資後即以成本入帳,在跨越兩個會計期間當加以評價,並計算其損益。

三、中小企業中長期資金的管理

1. 中長期投資的管理

⑴**中長期投資的來源及其重要性**

當企業在經營中有多餘的資金時,可在資本市場從事購進及出售股票、公司債、國庫券及其它證券以獲得收益之所謂「中長期投資」,此乃企業資金運用的一條蹊徑,同時也可強健企業資產的基礎;這些證券數量的多寡與價格的起伏,均影響企業

的經營方向及償債能力，務必小心操作。

⑵中長期投資的策劃

企業當先確定新投資方案，分析其利弊得失，並選出其最適當的投資計劃；然後據其計劃，對不同方式的中長期投資，按其緩急分成先後秩序，明訂投資政策的權責，再依其選定的方案，進行各項中長期證券的承購。

⑶中長期投資的處理

企業每次購銷中長期證券時，至少須由兩位經辦的主管簽名以示負責，此等有價證券購得後，應以公司名義登記，由分支機構投資者，以總機構名義登記；有關證券的文件至少需有兩份，俾便其保管主管與會計主管的瞭解，證券的原本應指定專人保存，直至證券出售註銷為止。經管證券的部門，對庫存的證券當定期盤點，並與帳載隨時調節相符，而其經辦的證券流出入，亦應定期編列報表，以供主管掌握證券投資的動向。

2.其他中長期資金的管理

⑴償債基金的管理

企業應設置償債基金按期提存相當數額的償債準備金，繳交信託公司保管，即可逐期累積，不必屆期一次付出巨額現；但償債基金的提數不應太大，否則會減少公司的流動資金，將造成財務的困難。

⑵保留盈餘的管理

企業若計劃將盈餘保留較長的時間，一方面須考慮公司內經常性質資金需要，另一方面須兼顧股東的權益及股票市場的價格，避免太少時造成永久性資金的缺乏及股票市場的下跌。

⑶經常性週轉金的管理

企業對於將來流動性資金的預計，應妥編財務預算，並密切注意未來財務變動，隨時加以修正，方能收到控制的效果。除此之外，企業應盡力增加營業毛利，此項毛利可充為經常性資金週轉，亦可用為支付利息、稅捐、股利、投資等用途，加強企業償債能力，提高本身信用地位。

⑷特別公積金的管理

此項公積金往往為企業特定用途而由盈餘中提取，每期所提的金額不應過巨，以免影響到其他資金的週轉；其提時間的長短，須視特定用途及盈餘分配金額而定，且此種資金僅限特定用途而不能移轉作他用。

心得欄

第五節　中小企業資金的運用

一、資金來源與去路的變化

1.資金的來源

⑴資產減少

包括出售土地、建築物、機器及設備、生財器具，運輸工具等固定資產，出售長短期投資的有價證券。

⑵負債增加

包括發行公司債，商業本票及商業承兌匯票。

⑶資本增加

如增股或增資，提特別公積金或增加資本公積金。

⑷收益增加

如銷貨增加、加工收入、財務收入、傭金收入、租金收入、出售資產盈餘及其它收入等。

⑸費用增加

如折舊與壞帳等準備金、出售固定資產損失及長期投資溢價攤銷、公司債折價攤銷。

2.資金的去路

⑴資產增加

包括購入土地、建築物、機器及設備、生財器具、運輸工

具等固定資產，購進長短期投資的有價證券。

(2)**負債減少**

如償付銀行透支、長短期借款及應付票據、應付帳款，償還應付公司債。

(3)**資本減少**

如收回股份或資本，發放股利。

(4)**費用增加**

包括製造費用、加工費用、水電費、保險費、廣告費、什費、租金支出、傭金支出及其它推銷費用、管理費用等營業支出，財務費用、災害損失等非營業費用。

(5)**費用減少**

如長期投資折價的攤銷、公司債溢價的攤銷。

二、現金流動表

所謂現金流動表系指表達某一企業於特定期間內的一切現金來源與去路的流動情形之報表；一般的現金狀況流動表，是由損益表所列出的淨利開始，併入資產、負債、資本及損益等有關項目，一一加以調整，即可得到經營運後的現金增減淨額。

表 10-1　××公司現金流動表

××年 12 月 31 日

一、現金來源		金額	
1.來自營業		$××××	
(1)淨利			
(2)加調整未涉及資金流動的損益項目			
・房屋折舊	$××××		
・機器折舊	××××		
・專利權攤銷	××××		
・長期投資溢價攤銷	××××		
・公司債折價攤銷	××××		
・出售固定資產損失	××××	<u>××××</u>	$××××
2.其他來源			
(1)出售土地		$××××	
(2)出售機器		××××	
(3)出售長(短)期投資		××××	
(4)發行公司債		××××	
(5)發行股票		××××	
(6)長(短)期借入款		××××	××××
現金來源合計			$××××
二、現金去路			
1.添購固定資產			
(1)購進房屋	$××××		
(2)購進機器	<u>××××</u>	$××××	
2.分派股東資金			
(1)分配股利		××××	
3.償還債務			
(1)償付長(短)期借款	$××××		
(2)償付應付公司債	<u>××××</u>	××××	
4.購進長(短)期借款		××××	
5.增撥償債基金		<u>××××</u>	
現金去路合計		$××××	××××
現金減少(增加)淨額			$<u>××××</u>

第 *11* 章

如何管理日常現金的收支

第一節　如何控制現金收入

　　做好現金收入控制主要是爲了保證全部現金收入無一遺漏地入賬，現金收入控制過程中，要做到由不同的人員簽發現金收據和收款，一切現金收入都應開具收款收據。所有的現金收入都必須在當天內入賬。領用收據時須由領用人簽收領用數量和起訖編號。出納人員應當全面瞭解各種結算方式和方法的特點，特別是要瞭解收回款項的風險程序，合理選用恰當的結算方式與方法。當企業發生產品銷售業務時，應當根據客戶的財務實力與資信情況，合理選擇對企業及時收回銷售貨款最爲有力的結算方式，以儘快收回銷售貨款。

一、現金收入控制制度

現金收入控制最需要健全內部控制制度，以下我們用表格（表 11-1）的形式把關於現金收入的內部控制制度列示出來：

表 11-1　現金收入的內部控制制度

控制內容	現金收入的內部控制
可靠、富於競爭力和有職業道德的職員	公司應對職員是否有不良的個人品質進行仔細審查，另外，還需要花費大量資金實施培訓計劃。
分工合理	特定的職員被指定擔任公司的出納或者管理出納的人員，或者現金收入會計。
授權合理	只有指定的職員，如部門經理，可批准顧客的特殊情況，即同意超過支票限額的支票收入和允許顧客賒購商品。
分離職責	出納和分管郵寄現金的職員不得接近會計記錄，記錄現金收入的會計不得兼管現金。
內外部審計	內部審計人員和外部審計人員的任務不同。檢查公司的業務是否與管理政策相符應由內部審計人員來完成。檢查現金收入的內部控制，確定由會計系統產生的與現金收入相關的營業收入、應收項目和其他項目是否準確應由外部審計人員來完成。
憑證和記錄	顧客要有收到業務記錄的收據，銀行對帳單要列示現金收入用以調整公司記錄（送款單）。顧客的郵寄付款記入匯款通知單，用以反映公司收到的現金數額。
電子電腦及其他控制	現金出納機可以進行業務記錄，出納受現金出納機的制約，現金要存放在保險櫃和銀行裏。每天的收入應與顧客的匯款通知書和從銀行取得的送款單相一致。職員應在不同工作崗位上輪換並按期休假。

　　爲了防止發生意外事件或損失，應對企業的現金收入進行嚴密的管理。控制現金收入可以採取以下幾種措施：

　　1.凡是外界交來的款項都由收款人員點收，逐日用複寫填制「收款清單」，連同現金和支票送交出納部門，並同時將「收款清單」複本送交會計部門。

　　2.出納部門收入款項之後，除了與收款清單核對外，應逐日將現金和支票存入銀行，並將銀行存款回單送交會計部門。

　　3.會計部門根據收款清單和銀行存款回單加以核對，做成「（借）現金」和「（貸）應收賬款（或銷貨）」的分錄；並按月核對銀行送來的存款對數單。

　　現金收入控制要按照一定的流程進行，現金收入控制流程如圖 11-1 所示。

圖 11-1　現金收入控制流程圖

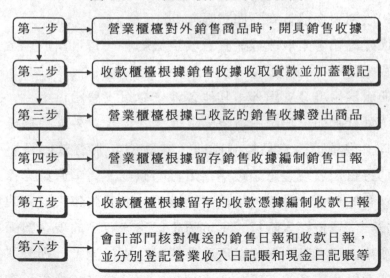

第一步	→	營業櫃檯對外銷售商品時，開具銷售收據
第二步	→	收款櫃檯根據銷售收據收取貨款並加蓋戳記
第三步	→	營業櫃檯根據已收訖的銷售收據發出商品
第四步	→	營業櫃檯根據留存銷售收據編制銷售日報
第五步	→	收款櫃檯根據留存的收款憑據編制收款日報
第六步	→	會計部門核對傳送的銷售日報和收款日報，並分別登記營業收入日記賬和現金日記賬等

　　現金交易的內部控制也是現金收入控制的重要內容。財務經理指揮下的財務部門，通常負責大部份有關現金處理的事項。這些處理事項主要包括處理和送存現金收款，簽發支票，投資閒置現金，以及保管現金、有價證券和其他流通資產。另外，作爲財務部門，還必須預測現金需要，並作長、短期的財務調度。

　　企業在沒置最有效的現金收入控制程序時，必須詳細研討每一個成員的處理程序；但是，一切企業，都應該擁有一些好的處理現金實務的一般原則。

　　我們介紹幾種可以用來實現現金內部控制的原則：

　　⑴任何人都不得自始至終包辦一筆交易。

　　⑵處理現金出納和記賬的業務要分開。

　　⑶收取現金時盡可能地集中。

　　⑷收到現金以後要立即記賬。

　　⑸鼓勵顧客索取收據並查看收銀機總數，每日所收現金全數送存銀行。

　　⑹除零用現金支出外，其他各款一律以支票給付。

　　⑺銀行調節事項應由簽發支票或保管現金以外人員擔任。

　　以上幾項現金交易控制原則，被證明非常有效的是第五項，即每日所收現金應全數送存銀行的原則。這項原則意味著手頭保管的現金比較少，可以防止挪用，而且將每天收入的現金作爲一個單位存入銀行，更可防止以稍後收到的現金彌補短缺。如果公司方針中允許以所收進的現金支付開銷，那麼造假報銷或者以少報多的花賬，遠比付款先經適當審核後再以支票

付款的程序下容易隱匿弊端。因此，可以說，把所收支票或現金遲延送存銀行，就增加了不能兌現的風險。進一步來說，就是沒有存入銀行的收入代表閒置現金，而這些閒置現金是沒有獲利能力的資產。

二、現金收入控制方法

現金收入控制的方法有很多，下面我們詳細介紹圖 11-2 所列的幾種：

圖 11-2　現金收入控制方法

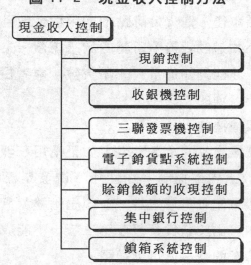

現金收入控制
- 現銷控制
- 收銀機控制
- 三聯發票機控制
- 電子銷貨點系統控制
- 賒銷餘額的收現控制
- 集中銀行控制
- 鎖箱系統控制

1.現銷控制

在有兩個或者兩個以上的職員（通常是出納員和售貨員）參與跟顧客的每筆交易時，利用現銷控制現金收入的方法最為有效。

比如，在餐廳或者咖啡館的中央，通常設有出納的辦公桌，出納根據侍應生所編餐飲券向顧客收取現金。戲院常由票房出售預行編號的入場券，觀眾進場時，由守門撕票放入。入場券或餐飲券均是按照順序編號並經點數控制，這種劃分交易責任的方法在防弊方面最爲有效。

2.收銀機控制

對很多零售商來說，其業務性質決定了一位職員必須兼顧櫃檯銷售、遞送商品、收取現金和記載交易的事項。在這種情形下，如果能夠適當使用收銀機和三聯發票機（機內備有發票副本），就可以減少欺詐案件。

每天營業結束後，銷貨員清點抽屜內現金數目交予出納，但是，本人並不知道收銀機中所記的銷售總額。主管用鑰匙打開收銀機暗格，才能夠知道當天的銷貨數。兩者相互核對，能迅速發現任何不合理的差異。

3.三聯發票機控制

很多從事櫃檯交易的企業發現，如果使用三聯發票機一定可以加強現金收入內部控制。在使用三聯發票機收款的情況下，三聯發票機會記載每筆銷貨，並印出兩聯銷貨單，並將第三聯留在暗格內。由於銷貨員留存第三版，不能取出第三聯，所以貪污欺詐情況的發生就可以避免。

雖然使用收銀機和三聯發票機可以避免不忠實，但是，由於貨物價款必須手工輸入，因輸入錯誤而導致的收銀錯誤卻是無法避免的。

4.電子銷貨點系統控制

很多零售商使用各種型號的電子收銀機，這些收銀機包括線上電腦終端機在內，必須使用感應棒或電子掃描器以閱讀售價和其他數據（都來自特製的標價簽）。在使用電子銷貨點系統的情況下，銷貨員只要將標價簽靠近感應棒或將商品通過掃描器，機器就會自動地以適當價格記載銷貨；因而就大大地減少了銷貨員以錯誤價格記載銷貨的風險。除了提供強有力的現銷控制外，電子記錄器經常能夠執行許多其他的控制機能。比如，線上記錄器的覆核賒售顧客的信用情況，更新應收賬款和永續盤存卡，以及提供特別印出的累計銷貨數據（按產品類別、銷貨員類別、部門類別和銷售型式類別計算）、存貨數據，提示購貨等。

5.賒銷餘額的收現控制

應收賬款的回收大多是通過郵匯收賬系統，也就是顧客通常寄來一張支票付賬。有許多製造業或批發商，由於其主要現金收入是銀行寄來的支票，這種情況下舞弊的機會是不多的。除非允許同一個職員辦理收受支票、送存銀行並記入顧客明細賬等事務。

通常情況下，是由一個職員拆開收到的郵件，並將付款顧客的姓名或帳號、收到的金額、收款時間記錄於收入現金控制清單。隨即將控制清單的副本分送會計處和負責顧客明細賬的職員，所收現金連同匯款通知送交出納。因此，為了避免貪污和盜竊，就要堅持不相容職務相分離的原則。

6.集中銀行控制

集中銀行控制方法也是現金收入控制的重要方法之一。集中銀行控制就是通過設立多個策略性的收款中心來代替通常在公司總部設立的單一收款中心，以加速賬款回收的一種方法。

集中銀行控制的目的是爲了縮短從顧客寄出賬款到現金收入企業賬戶這一過程的時間。

企業依據服務地區和各銷售區的帳單數量，設立若干個收款中心，並指定一個收款中心的賬戶爲集中銀行。這個指定的收款中心通常是設在公司總部所在地的收賬中心。公司通知客戶將貨款送到最近的收款中心而不必送到公司總部。收款中心將每天收到的貨款存到當地銀行，然後把多餘的現金從地方銀行匯入集中銀行，也就是公司開立的主要存款賬戶的商業銀行。

7.鎖箱系統控制

鎖箱系統控制現金收入的方法是通過承租多個郵政信箱，以縮短從收到顧客付款到存入當地銀行的時間的一種現金管理辦法。

在業務比較集中的地區租用當地加鎖的專用郵政信箱，通知顧客把付款郵寄到指定的信箱，授權公司郵政信箱所在地的開戶行，每天數次收取郵政信箱的匯款並存入公司賬戶，然後把扣除補償餘額以後的現金及一切附帶資料定期送往公司總部。這樣做能使公司辦理收賬和貨款存入銀行的一切手續得到免除。

採用鎖箱系統控制現金收入的方法大大地縮短了公司辦理收款和存款手續的時間，也就是說，消除了公司從收到支票到

完全存入銀行之間的時間差距。

　　但是，鎖箱系統控制現金收入的方法需要支付額外的費用。由於銀行提供多項服務，因此要求有相應的報酬。這種費用支出一般來說與存入支票張數成一定比例。所以，如果平均匯款數額較小，採用鎖箱系統並不一定有利。

　　企業是否採用鎖箱系統控制現金收入，要看節約資金帶來的收益與額外支出的費用那個更小。如果增加的費用支出比收益小，則可採用該系統；反之，就不宜採用。

第二節　　如何控制現金支付

一、做好現金支付控制

　　除加速收取賬款外，有效地控制現金支出也能加快現金週轉。現金收入的基本目標是最大限度地加速對賬款的收現，而現金支出的基本目標則是盡可能地延緩現金的支出。加快現金收入和放慢現金支出這兩者結合起來，將能使企業的資金得到最大限度的利用。企業的現金支出主要用於現金開支的範圍，現金支出控制的關鍵是應有一定的審批手續，款項只有經過審批，並符合現金管理規定及在現金使用範圍內才能支付。

　　現金支付的控制制度與現金收入的控制制度相對應，在現金支付控制方面，應注意圖 11-3 所示幾個主要方面：

圖 11-3　現金支付控制制度

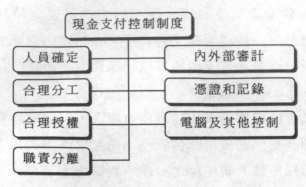

1.由財務經理或財務經理助理經辦大額付款。

2.批准需要付款的購貨憑證應由專門的職員，批准並簽發支票應由高級管理人員負責。

3.業主或董事會授權大額支出，這樣可以確保與企業目標相一致。

4.電腦程序員和其他負責支票的職員不得接近會計記錄，登記現金支付的會計不得有接觸現金的機會。

5.審查公司業務是否與管理制度一致時應由內部審計人員負責。

6.由外部審計人員審查現金支出的內容控制，以確認會計系統所產生的費用及資產和以及現金以支出相關的其他項目的金額是否正確。

7.供應商開出的發票是支付現金所必需的憑證。

8.銀行對帳單上列示的現金支出，比如支票和電匯付款，用來調整公司的帳面記錄。

9.支票應按順序編號，以說明付款的順序。

10.應把空白支票鎖在保險櫃裏，並由不從事會計工作的管理人員負責控制。

11.支票的金額要用支票印表機列印上去，爲了避免重覆付款，已付款的發票要打孔。

控制企業的現金支付可以採取以下一些措施：

(1)一切現金支付都必須根據企業所收到的或自行填制而由有關人員簽字的「付款憑證」，經指定的高級職員批准，送交會計部門。

(2)會計部門核對付款憑證後填制開發支票的授權憑證，由有關人員開具支票一併送交出納部門，對於授權憑證，在有的企業中稱爲「應付憑單」。它主要包括付款日期、受款人、批准付款的負責人員的簽字，還包括會計部門主管人員的簽字、金額和應借記的賬戶。

(3)出納部門核對符合後，將支票簽字，交給受款人，並將付款憑證加蓋「付訖」戳記，送還會計部門。

(4)會計部門做成「(借)適當賬戶和(貸)現金」的分錄，據以入賬。

(5)每月月結根據銀行送來的「對數單」和會計記錄相核對，完成現金支出的全部程序。

二、現金支付的處理程序

現金支付的處理程序包括主動支付現金的程序、被動支付現金的程序和送存銀行的程序三個方面：

1.主動支付現金的程序

表 11-2　主動支付現金程序

第一步	根據有關資料編制付款單，並計算付款金額
第二步	根據付款金額清點現金，現金不足時應從新提取，然後按照單位或者個人分別裝袋
第三步	發放現金時，應當面點清數額，並由收款人或者代收入簽收
第四步	根據付款單等資料編制記賬憑證
第五步	根據記賬憑證登記現金日記賬

2.被動支付現金的程序

表 11-3　被動支付現金程序

第一步	對原始憑證的受理
第二步	對原始憑證的審核
第三步	在審核無誤的原始憑證上蓋「現金付訖」印章
第四步	支付現金並進行複點，並要求收款人當面點清
第五步	根據原始憑證編制記賬憑證
第六步	根據記賬憑證登記現金日記賬

3.現金送存銀行的程序

各個單位必須按照開戶銀行核定的庫存限額保管、使用現金，對收取的現金和超出庫存限額的現金，應於當日送存開戶銀行。如果當日送存銀行確有困難，應由開戶銀行確定送存的時間。

表 11-4　現金送存銀行程序

第一步	出納員要先點清票幣數額
第二步	把款項清點整齊，核對無誤後由出納員填寫「現金存款單」
第三步	將款項同「存款單」一併交銀行收款視窗收款
第四步	銀行核對後蓋章，並將第一聯交存款單位作記賬的憑證
第五步	根據現金存款單第一聯編制記賬憑證
第六步	根據記賬憑證登記現金

三、現金支付控制方法

現金支付控制是指在權衡成本和收益的基礎上盡可能的延遲支付款時間，以給企業提供更多的使用資金的時間。通常的做法有控制支付時間、充分利用銀行的信用額度以及做好付款前的核查工作等。

1.控制支付

在控制支付之前，現金經營管理人員應儘快知道企業的收支情況，以便提前採取投資措施以使用過剩資金或者採取融資措施以應付資金短缺。這就需要儘快知道企業的收支情況，也就是說，企業要從銀行儘快獲得企業收支情況的信息。

儘早知道企業收支情況的辦法有以下兩種：

(1)在清算完之後，銀行應及時告訴企業；

(2)企業應定點向銀行諮詢相關情況，如果能夠及時知道收支情況，企業就可以及時採取投資措施和融資措施。

延遲現金流出就要儘量縮短現金閒置的時間，此類的現金支付控制措施對於有效的現金管理來說，也是十分關鍵的。

如果企業擁有多家開戶銀行，爲防止在某些賬戶中逐漸積累起過量的現金餘額，該企業應當迅速地將資金調入到專門進行支付的賬戶或銀行。嚴格控制支付的程序，將應付賬款集中在一個單一的賬戶或少量的幾個賬戶中，這些賬戶應該設在公司總部。這樣，資金就可以十分準確地在需要支付的時候再支付。如果企業想獲取應付賬款的現金折扣，那麼，就應在折扣末期支付；如果企業不想享受現金折扣，但爲了達到最大限度地利用資金的目的，那麼，付款時間應在信用期限的最後一天。

零餘額賬戶是一種公司支票賬戶體系，在這種賬戶體系中，始終保持餘額爲零。零餘額賬戶要求有一個父賬戶來彌補子賬戶的負餘額，並存儲子賬戶正的餘額。

國外有許多大銀行都爲客戶提供這種服務系統。在這一系統下，由一個主支付賬戶爲其他所有的子賬戶服務。每日末，當所有支票都被結算完畢後，銀行自動從父賬戶向各支付賬戶，如工資和應付賬款支付賬戶等，劃撥足夠資金以支付申請付款的支票；如果零餘額賬戶分散在一個或多個銀行，資金可以以電匯的方式，從集中銀行的中央賬戶劃撥。這樣，除了父賬戶外，所有其他支付賬戶每天都將保持餘額爲零。

設立零餘額賬戶不僅可以加強控制現金支付，還可以消除各子賬戶中閒置資金的餘額。

如果企業在較遠的外地也設有分支機構，該分支機構不能就地支付所欠款項，而必須由企業指定的付款銀行進行遠距離

付款。遠距離付款的目的是爲了盡可能延長支票的郵寄時間和結清時間，從而對現金支出進行控制。

2.利用付款期延展

如果不影響企業的信譽，那麼，爲了控制現金支出，應盡可能地展期付款。對於在一定期限內要求付款的應付賬款，企業可以等到寬展期限的最後一天付款。如果 50 天內付清全部貨款，那麼，企業可以在第 50 天付款。或者企業可以在 50 天以後 1～5 天內付款。一般情況下，額外費用是不會產生的。

3.利用銀行信用額度

對於一些存款大戶，通常情況下，銀行會給予一定的信用額度。信用額度是銀行同意企業在一定時間內隨時所能融通資金的最高數額。通常在信用額度範圍內的企業融資的利率比一般融資的利率要低，個別銀行還允許存款大戶在一定數額範圍內進行透支。

4.做好付款前的核查

在付款之前，核查工作不可缺少，核查工作可以防止無效或錯誤付款的發生，這些工作一般包括以下幾點：

(1)核對發票和訂單。要確認企業即將付款的事項確屬已經發生訂貨，並且訂貨數量和金額與對方發票所載明的數量和金額相符，訂單所要求的貨物與發票所載明的貨物相符。

(2)開出付款憑單。一旦付款的條件具備，就可以開出付款憑單。憑單要授權開出付款支票並載明開出支票所需要的相關信息。

(3)簽收支票時需要由有簽發支票授權的人簽發。

5.利用現金浮游量

由於企業存在著未結清支票，使得其在銀行裏的可用資金，通常要大於其賬簿上的現金餘額。企業的存款餘額與其帳面現金餘額的差額，被稱之爲現金浮游量。

現金浮游量產生於從支票開出，到它最終被銀行結算之間的時差。如果企業能準確估計現金浮游量，那麼，企業存款餘額就可以減少並利用資金投資，獲取收益。這種理財方式被稱之爲「利用浮游量」。

例1：某公司在銀行的活期存款餘額是100萬元，如果這個集團已經簽發一張30萬元的支票，並確知這個支票尚未結清，那麼，活期存款餘額仍爲100萬元而不是70萬元。這時候，公司可以繼續使用這30萬元額度。

值得我們注意的是近年來蓬勃發展的電子商務對利用浮游量做法的影響。電子商務方式下，電子數據交換成爲商業信息交流的主要方式。信息傳送和支付活動進行得更快也更安全，能幫助企業更好地預測現金狀況並進行現金管理；另一方面，電子通匯也消除了浮游期間，對某些公司來說，意味著理財收益的很大損失。

四、如何做好現金支付

做好現金支付，應從以下兩個方面著手：

1.現金支付

爲了避免有更多的人接觸現金，企業的各種支出應盡可能

用支票來支付。但是，有一些開支項目必須用現金支付，這時，就應該嚴格審定。用現金支付的項目主要包括企業的零星開支和薪金支出兩種。

　　企業各部門的零星開支，如需預支現金，必須首先由各部門填制現金暫借款單說明預支理由，並經本部門主管審定簽字。財務經理或經財務經理授權的人，應對預支部門主管簽字同意的現金暫借款單的理由進行審核，根據現金管理條件和本企業對現金支付的規定，決定是否同意有關人員的預支現金。出納人員在得到財務經理或財務經理授權的人簽字同意的現金暫借款單後才可以出借現金，記賬員應根據出納簽章的暫借款單登記日記賬。

　　零星開支的現金報銷者必須填制現金報銷單，並附上所有的原始憑證，交給使用現金者的部門主管審核簽字。而審定這種簽字是否有效是財務經理或財務經理授權的人的控制責任。財務經理或其授權人有權最終確定是否支付現金。而出納只能根據這一決定來執行其業務活動。

　　對於薪水方面的現金支出，一般先由企業的人事勞資部門編制薪水支付單，財務部門應根據人事勞資部門主管簽字同意的薪水支付單來提取和發放現金，而薪水領取簽收單據應給記賬員記賬。

　　現金支付控制的最好辦法就是建立定額備用金制度。定額備用金制度的基本要求包括下列幾個方面：

　　⑴確定公司應該建立那些定額備用金，比如，確定差旅費備用金、工資備用金等等。

(2)確定每筆備用金的金額。應根據公司的特定情況來決定備用金的多少。一般情況下，除工資備用金外，其他備用金的金額不能過大。決定後，它就是一筆固定的金額。任何超過該備用金定額的現金支出，應得到特定的事先審批，並在一般現金中支付，而不在備用金中支付。

(3)確定備用金的保管人。各備用金的保管人不能同時負責其他備用金、現金收入和支出的審批，以及該項備用金的補足和支付記錄。

(4)支付備用金必須有發票等原始憑證來證實。發票應由備用金使用者的審核人的簽字。在某些情況下，備用金的支付必須得到事先批准。

(5)內部審查人員、其他獨立的職員應不定期地清點備用金。備用金的餘額和已支付憑證的合計數應與備用金的固定金額相等。

(6)備用金的餘額在規定數以下時，備用金的保管人可以將已經支付的憑證交給會計部門。會計部門批准後，交給出納部門按定額補足這個備用金。並且應註銷作為補足備用金的付款憑證，不能再交給備用金保管人。

(7)備用金餘額應定期與控制該備用金的總賬餘額相核對。

值得提醒的是，備用金控制也可替備用金使用人在銀行開設備用金專戶。這種形式的工作原理和現金定額備用金制度基本相同。這時，企業應書面告知銀行。存款時，只能依據企業開出的補足備用金支票。取款時，只能由企業指定的備用金使用者才能提取。防止經常性的現金收入流入該賬戶和非備用金

使用者提取該現金。

2.支票支出

支票支出控制制度,應當具有以下各點:

(1)所有支票必須預先連續編號,對於空白支票,應該將其存放在安全處,嚴格控制,妥善保存。應注意的是,具有權力簽署支票的人不能是保管空白支票的人。

(2)支出每項支票時都必須經過事實上的支票簽署者的審批並簽發。支票簽署者通常需要得到董事會的投票同意,在某些情況下,可採用支票會簽制度。但值得注意的是,採用會簽制度有一個前提,每個簽署者必須獨立審核支票及其附屬憑證,否則這種會簽有更大的風險。因為每個簽署者都有可能認為其他簽署者會審核原始憑證和支票,而自己就草率簽字,結果可能每個簽署者都沒有認真審核原始憑證和支票。

有資格簽署支票的人,不能同時填寫支票和編制付款憑證。這種職務上分離有助於保證已簽發的支票只能用於某項被批准的應付款項上和保證該簽發的支票被記錄在銀行存款日記賬上。支票簽署人應當保管好已簽署的支票,直至支票由簽署者或其授權的其他職員寄出或遞交給受票人為止,絕對不可再退交給編制支票的職員保管。熟悉業務的其他職員應定期檢查支票簽署者的工作,以確定他們是否簽署不適當的支票和他們的職責是否符合控制制度。

(3)支出每項支票時都必須有書面證據。如經核准的發票或者其他必要的憑證。並且應在支票上明確地寫明受款人和金額,並應與相應的應付憑證進行核對。應當禁止無受款人的支

票和五金額的支票，因爲這些都是相當危險的。已經作爲簽署
支票書面證據的有關憑證，應於簽署支票後，加蓋「已付訖」
戳記，以防它們被用來作爲重覆付款的憑證。

(4)應作廢任何有文字或數字更改的支票。並且，爲了防止
再被使用，必須在這些作廢的支票上加蓋「作廢」戳記。應和
其他支票存放在一起，按順序號進行留存。

(5)應將所有已經簽發的支票在當日及時記入銀行存款日記
賬中，並應定期與應付款或其他總分類賬借方進行核對。

第三節 銀行存款運用

1. 銀行存款的種類

銀行存款怎麼運用？企業大部份的錢是存在銀行裏面，銀
行存款一共有幾種呢？第一種是支票存款，第二種是活期存
款，即存簿存款，第三種是各種定期存款。銀行存款的運用，
首先將在銀行裏面可以運用的項目先加以運用。除此以外，對
於類似銀行資金，其他可以調撥的方法，也要加以運用。

2. 銀行存款餘額的種類

一般來講銀行的錢大槪有兩種：一種是真正剩餘的資金，
還有一種是什麼呢？在賬上已經是零了，可是由於未發出的手
存支票，以及發出尙未轉入的在途支票，結果在銀行裏事實上
還有錢在那裏，這種錢通常叫做浮遊現金，也就是所謂的

FLOAT。這種錢，也要想辦法加以運用。一般的公司如果管理資金比較好的，對於剩餘資金，大概都有加以運用，但是對於浮遊現金就沒有加以運用，這就要想出一套運用的方法。

3.銀行存款餘額在銀行內的運用

支票存款沒有利息，對於資金的生產力，也要想辦法加以提高。資金的生產力是什麼呢？就是說要想辦法賺取更多利息，因此對於剩餘的現金和浮遊現金要想辦法加以運用。當然目前情況是銀行處於強勢地位，廠商都是要極力拜託。因此，銀行有時說，你跟我借錢就必須要有好的實績，所以會要求你支票存款實績應該有多少等等。如果是這樣的話，為了將來要向銀行借錢，也許就要在支票存款上擺一大堆錢。

如果暫時把實績的因素撇開，假定銀行沒有這個要求，那應該怎樣做呢？剩餘資金有幾個用途呢？一個是擺在支票存款這裏造實績，不過越少越好，因為沒有利息。

另外有一部份錢要擺在活期存款裏，現在有種活期存款，有一點點利息。如果是獨資的中小企業，錢最好不要擺在活期存款裏面，最好擺在私人才可以開的活期儲蓄存款裏面，萬一支票這邊缺少一點點的時候，就可以從這裏補充過去。

剩下來比較多的錢，應擺在利息比較多的定期存款裏面。現在比較大筆的錢都擺在定期存款裏頭，要用大筆錢的時候，從這裏可以向銀行拿定期存單質押借款，來支付支票存款的需要。這樣質押存款不是要付利息了嗎？當然要付利息。如果以1年為準，是 12.5，質押借款付給銀行普通是加 1.25，所以變成要付 13.75。那麼會覺得付 13.75，多付了 1.25，不是划不

來嗎？應該是划得來，為什麼呢？如果是存 1 天的話，假定沒有借出來，是賺 12.5；如果是借錢的話，只需多付 1.25，所以你存 1 天賺 12.5，可以低 10 天多付的借款利息，一定划得來。

假如是私人老闆，可以存私人的活期儲蓄存款。現在有一種存款，是把這個活期儲蓄存款跟定期儲蓄存款合起來，叫綜合存款。這種存款有兩種存款，第一個是活期儲蓄，第二個是定期儲蓄，統統寫在一本簿子裏面。假如這個存款有餘額的時候，一方面定期的部份，照定期的付息，活期的部份照活期的 8 點來付息。

比如活期有 1 萬，定期有 20 萬，那麼這 1 萬就照 8.25 付息，這 20 萬如果是存一年的話，就照這個 12.5%來付息。假如有一天要用 10 萬塊錢，就會透支 9 萬，不但把 1 萬塊用掉，而且還透支了 9 萬，這個 9 萬不必辦什麼手續，拿一張取款條就可以領了。一方面 20 萬還是拿定期存款利息，一方面這 9 萬塊錢要付 13.75，多付 1.25 而已。請大家注意，活期儲蓄存款或綜合存款只限於私人才可開戶，企業是不可以開戶的，因此這只適合自己當老闆的人運用。

4.資金餘額在商業票券上的運用

事實上這樣的運用，還不是一個好的方法。不要存定期存款，把這些全拿去買商業票券。什麼叫商業票券？比較大的廠商，跟銀行有往來，銀行給他們提供一個保證的額度。廠商在發放商業本票的時候，銀行在後面做保證。所以商業本票經過票券公司買賣，都有銀行在後面做保證，絕不會倒賬，這是第一點。第二點，你如果說是營運資金要活期運用，你還可以去

買一種商業票券，叫做附買回條件的商業票券，意思就是，今天跟票券公司買，隨時還可以賣還給票券公司。現在商業票券利率常比定期存款高，而且又可活期運用，何樂而不爲呢？只是商業票券金額較大，通常至少 10 萬以上，大部份是 100 萬面額，因此小額資金較不方便。

　　當然你的剩餘資金很多，錢滿坑滿全都是，那時候就要運用長期的方法，例如買土地，買房屋或是什麼的，這又是另外一回事。

5.浮遊現金餘額的運用

　　至於浮遊現金怎麼運用呢？現在假定剩餘現金都已經適當地運用了，還有一部份浮遊現金餘額在銀行存款上怎麼辦呢？可以用一種很巧妙的方法叫做透支生息法來運用。透支的意思就是說，本來支票存款餘額不能少於零，如果出現負數的話，就會因存款不足而跳票。但如果跟銀行辦透支的手續，支票存款餘額就可以低於零而不會被出票，這就叫做透支。透支也是可以開支票，只不過可以透支到負數罷了。

　　透支也是一種貸款。這種貸款的性質怎麼樣呢？銀行給你一個額度，在這個額度裏面，如果是 200 萬，你開支票可以一直開到負 1999999，銀行還不會退你的票。如何得到透支額度呢？一般要去辦透支的手續。透支有幾種，一種叫做信用透支。譬如說，王永慶要辦一個透支戶，銀行就說憑你王永慶給你透支 1000 萬。這種情況叫做信用透支，當然還要有兩個保證人。另一種是抵押透支。將房地產抵押給銀行，萬一透支的錢不還，銀行就可以將這套房產拍賣。還有一種是質押透支，拿公債或

其他有價證券等動產來做透支。

運用浮遊現金，就是運用質押透支的方法。這質押透支怎麼做呢？

(1)先跟銀行談好要開質押透支戶；

(2)先算出浮遊現金的餘額大概是多少，這可以從平常銀行來往的帳戶上可以看出來，當公司銀行登記簿是零的時候，那時銀行帳戶大概還有多少錢，如果銀行登記薄不是零，是 5 萬，把銀行帳戶餘額減掉 5 萬就行了。連續看幾個月或 1 年的帳戶餘額，看兩個數：一是取它的眾數，眾數就是最常出現的那個數字；二是取它的平均數，看看平均是多少。最好的方法是平均數也看，看那一個數高就取那一個數。

(3)取眾數平均數中較高的數字之後，再根據數字定出一個整數，然後再以這個數字的金額拿來作定期存款。例如浮遊現金是 100 萬，那就去調 100 萬來，存到銀行做定期存款。

第一步，與銀行談好開質押透支戶；

第二步，算出金額；

第三步，存定期存款；

第四步怎麼樣呢？很簡單，只要拿定期存款的存單到銀行開質押透支戶就行了，定期存款單信用十分可靠，銀行很放心，應該會答應開質押透支戶才對。而且開了質押透支戶之後，銀行內的定期存款實績增加了，貸款實績也因透支而增加了，銀行也並非有好處。

從透支生息法裏面，可以賺很多的利息，算給大家聽一下。假定右邊是原來的支票存款戶，左邊是透支戶，原來的支票戶

有 100 萬浮遊現金餘額，100 萬這邊 1 毛錢的利息都沒有。現在如果拿這 100 萬去銀行存定期存款，開質押透支戶，這時透支戶餘額就會變成零，另外再加上 100 萬的定期存款。透支還是可以開支票，也是一種支票戶頭，但是可以透支到負數，透支金額不可以超過定期存款的 9 折，超過還是會被退票。

　　現在再來算一算，原來支票存款餘額 100 萬是沒有利息的，變成透支戶之後，不是就賺了 100 萬的定期存款利息嗎？100 萬的利息，一天是多少錢呢？乘以 12.5%再除以 360 天，1天賺了 347 元。再假定某一天支票存款餘額只剩下 40 萬，這時透支戶的餘額就變成負 60 萬，也就是說必須付 60 萬的透支利息。透支利息利率是定存息加 1.25%，也就是 13.75%。付 60萬利息就是 60 萬乘以 13.75，除以 360，結果是 229 元。這樣一方面在 100 萬定存賺了 347 元，一方面在 60 萬透支要付 229元，我們還賺了 118 元。再往下降好了，假定有一天支票存款餘額只有 20 萬，那透支戶這邊變成負 80 萬對不對？負 80 萬也就是透支 80 萬，必須付 305 元，可是，另外在 100 萬定存那還是賺了 347 元 1 天，付掉 305 元透支利息，還賺了 42 元，你看，這樣不是天天賺嗎？如果不把浮遊現金餘額拿來辦透支戶，這些錢在普通支票戶不生利息。根據銀行的規定，只能透支到 9折，100 萬定存單只能夠透支到 90 萬。在透支到 90 萬的時候，利息支出是 343 元，抵掉定存 100 萬的 347 元利息收入，還賺了 4 元。這就是透支生息的妙處，永遠賺利息。

　　運用透支生息法，銀行可能說透支就沒有業績，那可以說透支雖然沒有支票存款餘額業績，但是創造了定期存款及放款

（透支也是一種放款）的業績，不是很好嗎？另外業績也不是把錢白白送給銀行讓他不必付利息去運用才算，其他例如進出口手續，銀行也可從你這兒賺很多錢，這種業績銀行更高興呢。更何況透支戶也未必天天透支，仍將有餘額。總之，銀行對企業強調業績時，企業應跟他們談整體的業績。如果企業不必向銀行借錢，無所求於銀行，銀行恐怕也沒有什麼力量跟你大談業績吧。此外，做透支生息法時，也要藝術一點。最好想辦法從別的地方調 100 萬進來，這樣做，銀行的餘額還在，然後慢慢提走，還那調來的 100 萬，最後達成目的，這樣銀行的心裏也好過一點。

第四節　現金收支管理舉例

（一）現金收支辦法

1.定義

(1)本辦法所稱現金收入，包括一切收入的現金。

(2)本辦法所稱現金支出，指超過新臺幣 500 元的現金支出，500 元及以下的現金支出，適用零用金支付辦法。

2.目的

(1)嚴密控制公司資金。

(2)使每一項現金收支均有完整記錄，適當授權及原始憑證。

(3)適時收入，適時支付。

3.原則

⑴現金收入

①任何現金收入及即期客票，均須逐日由承辦人送交出納，存入公司賬戶，如爲門市收入，須逐筆由門市部出納收款。所有收入的現金及即期客票，均不得挪爲支付之用。

②客票均應請發票人劃線抬頭，如是即期支票，並應請客戶註明「禁止背書轉讓」字樣。收入客票後，應即影印一分（註：如無影印證，則記入登記簿亦可，但仍以影印最好），客票影本應分別按到期日先後由出納歸檔。客票期票正本於背後註明存入本公司賬戶後，應即按銀行托收手續，委由銀行代收。

③公司因財務需要，以遠期客票向銀行或他人貼現，或背書轉讓予他人作支付款項之用，均須編制轉帳傳票經負責人核准後爲之。

④存入現款或到期客票收現時，出納應檢齊客票影本、銀行存入款通知書及其它有關單據，開立「收入傳票」，經會計、會計主管及公司負責人核准後，按日期先後順序編號歸檔。

⑵現金支出

①所有現金支出，除零用金以現款支付，外匯存款及乙種存款以取款條連同存摺支付外，均以支票行之。

②支票均以即期爲原則，除付員工等特殊情形外，均須書寫抬頭及劃線，並註明禁止背書轉讓，此項原則於執行時，由會計經理酌情決定。如因財務調度及交易慣例，得開期票，管制方法如下期票期間長短由承辦部門主管、會計主管及公司負責人共同決定，但期票日期一律定爲各月 8 日或 23 日（註：避

開各業慣例之 5 日、15 日、20 日或月底)。期票仍爲劃線抬頭。
但不註明禁止背書轉讓。

期票一經開出,即由出納按到日期先後記入期票登記簿
內,記明到日期、支付對象、金額、賬戶名稱、支票號碼等。

③申請支付現金時,應編制現金支出傳票、(格式見附表)。
申請支付期票時,應編制轉帳傳票。傳票後應妥附原始憑證如
發票收據等,於支付前須經部門經理及會計經理核准。新臺幣
5000 元以上(不含 5000 元)的支付,須經公司負責人先行核准
(註:公司負責人爲免案牘勞形,可酌情提高上列金額或授權他
人作此項核准,或於簽署支票時同時核准支出傳票)。

④客帳付款日期,有訂貨單者,於交貨後 30 天付款;如無,
爲 15 天。其付款日固定爲每月 8 日及 23 日。以上日期均自貨
品檢驗通過日(即驗收單上收貨日期)或服務完成日(由承辦單
位註明)起算,如訂貨單或合約有特殊規定者,依其規定辦理。
國外結匯款項及其它支付事項,按個案需要而定。

⑤廠商如願負擔現金折扣,得應其請求,於貨品檢驗通過
日後三天內付款。現金折扣應付款項 2%計算。

⑥購買生產用原料及物料,須備訂貨單及驗收單,副本於
付款前送會計部。訂貨單金額超過 10 萬元者,須經公司負責人
簽署在訂貨單上。其他物品或設備,須備請購單,金額超過 5000
元者須經公司負責人核准。請購單上須備有驗收欄,但設備須
另備試車合格報告書。上列各項單據齊全後,會計部方可付款。

⑦公司銀行賬戶空白支票、空白本票、支票存根,已簽未
遞交支票、存摺等有關銀錢單據由出納保管,定期存款單由會

計主管保管。

⑧如某項費用須由其他部門預算下負擔時，須經該部門經理簽章同意。

4.程序

⑴各部門

①各部門所承辦的交易，如無訂購單、請購單或台約，支出傳票由承辦部門先行填寫，並經部門主管核准，然後送到會計部。傳票後應附發票收據等原始憑證。

②各部門所承辦的交易，如有訂購單、請購單或合約時，支出傳票由會計部門適時填寫，但承辦部門應將發票、驗收單等原始憑證在編傳單之前送會計部。

③發票及收據須有公司全名之抬頭及出票人店章。如是收據，須貼千分之四印花。發票及收據均應填本公司統一編號（按規定免填者可免）。

⑵會計員

①如交易有訂購單、請購單或合約，應適時自行編制支出傳票。傳票上應註明上列單據及驗收單號碼（有訂購單必有驗收單）。

②如支出傳票由其他部門填寫，應加核對改正，並填妥會計分錄等數據，完成傳票編制手續。

③上列傳票，均應於付款期限前三日提出以供直接主管覆核、會計部經理及公司負責人核准。

④發票及收據等原始憑證須為正本。如正本須專案歸檔時，應以影印本作附件並註明正本在那一檔案。傳票上須經適

當人員簽字。如有修改,亦須簽字。

　　⑤對於出納所編收入傳票,應於覆核並填入合計分錄。

　　⑶**會計組長**

　　①覆核傳票內容與原始憑證。

　　②建立收支順序表,監督適時收入及支出。

　　⑷**出納**

　　①編制收入傳票。

　　②根據已核准的支出傳票開發支票,送請會計主管及公司負責人簽署。支票號碼及銀行帳號應填在支出傳票上。

　　③保管已簽名未送出支票及空白支票並負責寄發支票事宜。作廢支票存根上,妥為保管。

　　④客戶領取支票,匯請其在傳票上蓋領訖章。所蓋圖章應與發票上圖章相同,或按照印鑑卡亦可。如圖章不同,應由公司承辦人員簽名確認並負責。如受款人為公司同仁,得以簽名代蓋章。如支票用郵寄,應以掛號寄出,並請客戶簽回回條。

　　⑤支票遞交後,應在傳票及所附單據上蓋「付訖」紅字,並於編列傳票號碼後依序歸檔。

　　⑸**會計部經理及公司負責人**

　　①確定收入及支出是否恰當,並核准。

　　①簽署支票。支票最少須經此二人連署。

　　(二)零用金支付舉例

　　1.**定義**

　　新臺幣 500 元及以下之支付,以現金支付,稱為零用金支

付，適用本辦法。

2.目的

(1)使新臺幣 500 元及以下的支出，迅速得到支付，並免開支票。

(2)保護零用基金。

(3)使小額支出能有適當原始憑證、合理授權及完整記錄。

表 11-5　××公司零用金申請單

編號：　　　　　　　　　　　　　日期：			
受　款　人＿＿＿＿＿＿＿＿＿＿＿＿＿＿＿＿＿＿＿＿＿＿			
說　　　　明＿＿＿＿＿＿＿＿＿＿＿＿＿＿＿＿＿＿＿＿＿＿			
申　　請＿＿＿＿＿	部門編號	科目名稱及編號	金　　額
複　　核＿＿＿＿			
核　　准＿＿＿＿		合　　計	
部門經理＿＿＿＿			
會計主管＿＿＿＿　　簽收人＿＿＿＿			

3.原則

(1)零用金基金定為新臺幣 3 萬元，只設一筆，由出納保管。如基金需有增減，須由公司負責人批准。

(2)申請零用金，須填寫零用金申請單(格式見附表)，妥附原始憑證，經部門主管及會計人員批准後，方得支付。

(3)小額借支，得填寫借據，經部門經理及會計主管核准後，由零用基金暫借，但須於次日後盡速清理報帳。

(4)零用金於每日下午 2～3 點發放。

⑸會計主管應隨時抽查零用金基金。

4.程序

⑴各部門

①零用金申請單由申請人自填，附發票收據等原始憑證，送直接主管及部門經理覆核及批准，然後送會計部。

②領取零用金時，應在申請單簽收欄簽字。

⑵會計

①會計員應覆核零用金申請單內容及單據，並填上會計科目。

②由會計主管核准支付。

表 11-6　××公司支出傳票

支票賬戶＿＿＿＿＿＿＿＿＿　　傳票號碼＿＿＿＿＿＿＿＿＿

支票號碼＿＿＿＿＿＿＿＿＿　　傳票日期＿＿＿＿＿＿＿＿＿

受款人＿＿＿＿＿＿＿＿＿＿＿＿＿＿＿＿＿＿＿＿＿＿＿＿＿

金額新臺幣＿＿＿＿＿＿＿＿　NT$　＿＿＿＿＿＿＿＿＿＿

說　明＿＿＿＿＿＿＿＿＿＿＿＿＿＿＿＿＿＿＿＿＿＿＿＿＿

＿＿＿＿＿＿＿＿＿＿＿＿＿＿＿＿＿＿＿＿＿＿＿＿＿＿＿＿

請購單號碼＿＿＿＿＿＿＿＿　　訂購單號碼＿＿＿＿＿＿＿＿

發票號碼＿＿＿＿＿＿＿＿＿　　驗收單號碼＿＿＿＿＿＿＿＿

制　票＿＿＿＿＿＿＿＿＿＿　　覆　核＿＿＿＿＿＿＿＿＿＿

核　准＿＿＿＿＿＿＿＿＿＿＿＿＿＿＿＿＿＿＿＿＿＿＿＿＿

部門經理＿＿＿＿＿＿會計經理＿＿＿＿＿＿總經理＿＿＿＿＿

科　目			金　額		
名　稱	科目編號	部門編號	總　帳	明細帳	部門明細
合　計					

⑶**出納**

①保管零用金基金。

②於支付後在零用金申請單及有關單據上蓋紅色「付訖」字樣。

③零用基金只餘 5000 元時，應整理已付零用金申請單，加以編號，並按科別彙編清表，然後開發支出傳票，申請補充零用基金。

④保管小額借支借據，並催促借款人盡速報帳歸墊。

心得欄 -

- -

- -

- -

- -

- -

第 *12* 章

企業現金要多少才合適

第一節　企業持有現金的底線

營運資金持有量的多少，就是在收益和風險之間進行權衡，那麼企業持有多少現金量才是比較合適的呢？

一、企業持有現金的原因

企業持有現金的目的是為了滿足日常生產經營的需要，其用途主要是滿足交易性需要、預防性需要和投機性需要三方面。

交易性需要是指企業主要用於滿足日常經營業務的需要而持有的現金量，如購買材料費用、支付職工薪酬、繳納各種稅款等。

預防性需要是指企業用於意外緊急事項而應備留的資金。

　　投機性需要是指企業用於有利可圖的機遇性投資，如購買價格有利的證券等。

　　企業持有現金的餘額必須適當，因為如果企業持有現金量太少的話，一方面難以應付日常業務開支的需要，還會坐失良好的商機，甚至會影響到企業的信譽；另一方面，持有現金過多的話，就會降低企業的收益水準。因此，企業應確定合理的現金持有量，使現金收支在數量上和時間上都要相互銜接好，以保證企業生產經營活動所需要的資金，並且儘量減少企業閒置的現金數量以提高資金的收益率，從而提高企業的收益水準。

二、現金持有量無法把握好的原因

　　現金最佳持有量是指現金既能滿足生產經營的需要，又使現金的使用效率和效益最高時的持有量。但在實際工作中，很多企業現金持有量不夠科學、合理，難以把握好，主要在以下幾方面：

1.現金管理制度不健全，內部監督不到位

　　⑴企業過分注重資金使用的方便性，從而大量結存現金而忽視了現金的利用效率。

　　⑵很多企業都是實行「一支筆」模式，財務人員對現金管理缺乏主動性，沒有履行好自己的職責，從而增加了主管隨意支配的機會，加大了現金的庫存量。

2.金融機構結算方式不靈活，服務不到位

　　⑴銀行結算管理方面存在很多環節，從而影響了其工作效

率，致使結算時間長、資金佔壓多。

(2)金融機構節、假日只對私不對公辦理業務，企業無法在金融營業網點辦理轉賬業務，從而給企業帶來了工作上的不便，使得企業只好通過現金來結算，從而增加了企業對現金的需求量。

3.結算手段跟不上企業需要的步伐

(1)如支票只能在同城使用，而且使用支票採購時，供貨方一般會在資金收妥後才會發貨，這必將影響到企業的生產、佔用了企業的資金，有些企業寧願使用現金支付，這又增加了企業對現金的需求量。

(2)在快速發展的市場經濟條件下，結算手段落後、結算方式不靈活，從而造成現金支出量大增。

第二節　企業最佳現金持有量的方法

一、現金週轉法

企業要採用一定的方法找到一個最佳現金持有量，這一現金持有量既能滿足流動性要求，又能滿足盈利性的期望。常用的確定最佳現金持有量的方法主要有現金週轉法、因素分析法、成本分析法、存貨模式和隨機模式。

現金週轉法是指根據現金的週轉速度來確定最佳現金持有

量的方法。

1.現金週轉期

現金週轉期是指從現金投入生產經營開始到最終轉化為現金的過程，現金週轉期一般要經過三個週轉期，即存貨週轉期、應收賬款週轉期、應付賬款週轉期。三個週轉期是循環往復的，這三個週轉期的期限如表 12-1 所示。

表 12-1　現金週轉期的期限

存貨週轉期	把原材料轉化成產成品並出售所需要的時間。
應收賬款週轉期	把應收賬款轉換成現金所耗費的時間，即從產品銷售到現金收回的時間。
應付賬款週轉期	從收到尚未支付貨款的材料開始到現金支出所花費的時間。

現金週轉期的計算公式：

現金週轉期＝存貨週轉期＋應收賬款週轉期－應付賬款週轉期

2.最佳現金持有量的計算

在現金週轉期法下，最佳現金持有量的計算公式如下：

最佳現金持有量＝企業年現金需求最總額÷360 天×現金週轉期

例 1：企業預計 2009 共需現金 1440 萬元，預計計劃本年存貨週轉期為 130 天，應收賬款週轉期為 85 天，應付賬款週轉期為 75 天，企業 2009 年最佳現金持有量是多少？

現金週轉期＝130＋85－75＝140(天)

最佳現金持有量＝1440÷360×140＝560(萬元)

由於在實際工作中，存貨週轉期由企業生產設備水準、生產技術水準和生活管理水準決定；應收賬款週轉期由企業收款政策決定；應付賬款週轉期由原材料的市場供求關係和企業的信用水準以及與供應商的關係決定。由於這些數據變化不定，在實際工作中不好掌控，因此，現金週轉法用於預測最佳現金持有量在實際工作中難度很大。

二、因素分析法

因素分析法是根據企業上年現金實際佔用額以及本年有關因素的變動情況，對不合理的現金佔用進行調整，從而確定最佳現金持有量的一種方法。這種方法實用性強、簡便易行。通常現金持有量與企業的業務量是正比關係，即業務量增加的同時，現金需求量也會增加，因此因素分析法的計算公式可如下：

最佳現金持有量＝（上年現金平均佔用額－不合理佔用額）

×（1±預計業務量變動百分比）

為了便於理解，下面舉例說明：

大成企業 2008 年現金實際平均日佔用額為 30000 元，其中不合理的現金佔用額為 3000 元。2009 年預計企業銷售額可比上年增長 25%。要求利用因素分析法確定該公司 2009 年的最佳現金持有量。

企業 2009 年的最佳現金持有量為：

最佳現金持有量＝(30000－3000)×(1＋25%)＝33750(元)

三、成本分析法

成本分析法是根據現金有關成本分析、預測其總成本最低時現金持有量的一種方法。

由於運用成本分析法來確定現金最佳持有量時，只考慮因持有一定量的現金而產生的機會成本及短缺成本，而不予考慮管理費用和轉換成本。這種方法下，最佳現金持有量就是持有現金而產生的機會成本與短缺成本之和最小時的現金持有量。在成本分析法下應分析以下三項成本。

企業綜合考慮機會成本、管理成本和短缺成本，這三者之和最小者就是企業應選取的最佳現金持有量。

1. 機會成本

企業因經營業務的需要而需要佔用一定數量的現金，這種佔用是有代價的，這種代價就是它的機會成本，現金持有量越多，機會成本就越大。

2. 管理成本

企業現金的保管是需要花費一定的人力和物力的，這就構成了現金的管理成本，它是一種固定成本，與現金持有量的多少沒有明顯的比例關係。

3. 短缺成本

企業因缺少必要的現金而沒有能力支付正常的業務開支，而導致企業蒙受損失或為此付出的代價就是現金的短缺成本。

在成本分析法下來確定現金的最佳持有量，可分為兩個步

驟，如圖 12-1 所示。

圖 12-1　選擇現金最佳持有量的方法

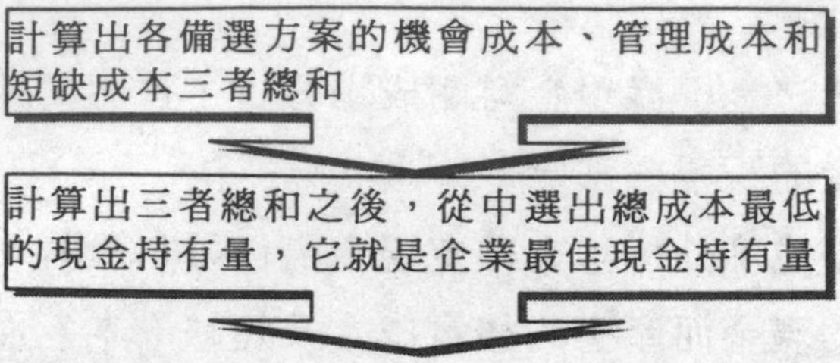

> 計算出各備選方案的機會成本、管理成本和短缺成本三者總和

> 計算出三者總和之後，從中選出總成本最低的現金持有量，它就是企業最佳現金持有量

　　例 2：某企業關於 2009 年最佳現金持有量的選擇共有四套方案，有關成本資料如表 12-2 所示。

　　根據表 12-2 採用成本分析法來編制企業最佳現金持有量測算表，如表 12-3 所示。

表 12-2　備選方案成本資料組成表

項目	第一套方案	第二套方案	第三套方案	第四套方案
現金持有量	200000	300000	400000	500000
機會成本率	10%	10%	10%	10%
管理成本	5000	5000	5000	5000
短缺成本	80000	50000	20000	15000

表 12-3　最佳現金持有量測算表

備選方案	現金持有量	機會成本	管理成本	短缺成本	成本之和
第一套方案	200000	20000(200000×10%)	5000	80000	105000
第二套方案	300000	30000(300000×10%)	5000	50000	85000
第三套方案	400000	40000(400000×10%)	5000	20000	65000
第四套方案	500000	50000(500000×10%)	5000	15000	70000

從上表可以看出，第三套方案的總成本最低，因此，該企業 2009 年的最佳持有量為 65000 元。

四、存貨模式

存貨模式是根據存貨控制中進貨批量模式的基本原理，通過分析現金持有量的影響因素而進行的。

在存貨模式下，能夠使現金管理的持有成本與轉換成本之和保持最低的現金持有量就是最佳現金持有量。這裏所說的成本是指企業因保留一定的現金餘額而增加的管理成本及喪失的再投資收益，其中，因為現金佔有量而影響其進行有價證券投資所產生的機會成本，這與現金持有量的多少有著密切的關係，現金持有量越大，機會成本就會越高，現金持有量越少，機會成本就越低。機會成本屬於變動成本，而管理成本與現金持有量的多少一般關係不大，因此，計算最佳現金持有量的持有成本實際上是計算其機會成本。

只有現金支出比較穩定的企業才能使用存貨模式，因為該模式是建立在未來現金流量穩定均衡且呈週期性變化的基礎之上，因此，運用存貨模式來確定企業的最佳現金持有量應該在以下基本前提之上，如表 12-4 所示。

存貨模式的基本原理是把現金的機會成本與轉換成本進行比較，以求得兩者相加的總成本最低的現金餘額，從而選擇一個最佳現金持有量。

表 12-4　確定最佳現金持有量的基本前提

確定最佳現金持有量的基本前提	企業需要的現金是可以通過證券變現取得的，且證券變現的不確定性較小。
	預算期內所需要現金總量的預測是可預算到的。
	現金支出金額可以預見，且當現金餘額不足時可以通過部份證券變現來彌補。
	證券的利率、報酬率是在企業掌握之下的，且每次固定性交易費用也是可以預算到的。

　　現金最佳持有量的總成本＝機會成本＋轉換成本

　　機會成本＝最佳現金持有量÷2×有價證券利率

　　轉換成本＝現金總需求量÷2×每次轉換有價證券的固定成本

　　從上面的計算公式中可以看出，當持有現金的機會成本與證券變現的交易成本相等時即可得出最佳現金持有量，其計算公式爲：

$$最佳現金持有量 (Q)=\sqrt{\frac{2TF}{K}}$$

　　式中，T 爲一個週期內現金總需求量；F 爲每次轉換有價證券的固定成本；Q 爲最佳現金持有量（每次證券變現的數量）；K 爲有價證券利息率（機會成本）。

　　例 3：假設企業預計 2009 年現金需求量爲 3000 元，現金與有價券的轉換成本爲 200 元，有價證券的利息率爲 30%，那麼 2009 年最佳現金持有量是多少？

$$最佳現金持有量\ (Q)=\sqrt{\frac{2TF}{K}}$$

$$=\sqrt{2\times3000\times200}\ /30\%$$

$$=2\ 000(元)$$

五、隨機模式

　　隨機模式法是在現金需求量難以預測的情況下進行現金最佳持有量控制的方法。對企業來講，現金需求量往往波動較大又無法準確預測，在這種情況下，企業可以根據歷史經驗和現實需要，測算出一個現金持有量的控制範圍，即制定出現金持有量的上限和下限，將現金持有量控制在上下限之內。當現金量達到控制上限時，用現金購入有價證券，使現金持有量下降；當現金量降到控制下限時，則拋售有價證券換回現金，使現金持有量回升。若現金量在控制的上下限之內，便不必進行現金與有價證券的轉換，保持它們各自的現有存量。

　　隨機模式的基本原理是制定現金持有量的最高點與最低點，隨機模式圖可用圖 12-2 表示：

圖 12-2　隨機模式圖

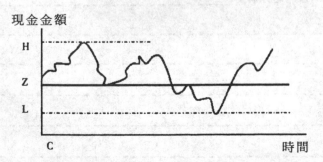

H 為上限，L 為下限，Z 為目標控制線。現金餘額升至 H 時，可購進(H-Z)的有價證券，使現金餘額回落到 Z 線；現金餘額降至 L 時，可賣出(Z-L)的有價證券使現金餘額上升到 Z 的最佳水準。

從圖 12-2 可以看出，當餘額接近上限時，應減少現金持有；降到下限時，應增加現金持有。但由於隨機模式建立在企業現金需求總量和收支不可預測的情況下，因而計算出來的現金持有量比較保守。

心得欄 -
- -
- -
- -
- -
- -

第 *13* 章

資金不夠時怎麼辦

第一節　欠缺多少週轉資金

一、檢討重點在於應收債權、存貨及應付債務

　　運轉資金必須根據五項原則來運作。在考慮運轉資金時，更重要的是要先掌握自己公司的運轉資金形態，亦即根據營業額及往來條件的變化，充分檢討公司需要多少運轉資金。經營上最重要的運轉資金就是淨值運轉資金。

　　因此，就讓我們進一步研究具體內容吧！此時的重點項目在於「應收債權」、「存貨」及「應付債務」。

　　首先，先從公司的決算表中整理出如表 13-1 所示的「運轉資金表」，從這張表中可掌握以下幾點事項：

表 13-1　運轉資金表

	科目	金額	月營業額比		科目	金額	月營業額比
應收債權	應收票據		＿＿個月	應付債務	應付票據		＿＿個月
	貼現・背書轉讓支票		＿＿個月				
	應收帳款		＿＿個月		應付帳款		＿＿個月
存貨	製品・商品		＿＿個月	合　計			＿＿個月
	半 成 品		＿＿個月				
	原 材 料		＿＿個月	淨值運轉資金			＿＿個月
合　計			＿＿個月				

備註： 1.月營業額比的計算公式為：

金額÷月平均營業額(年度營業額/12)＝＿＿＿＿個月

2.必須將貼現・背書轉讓之票據計算在內。

1.公司內部現有運轉資金的狀態。

2.必需的淨值運轉資金額度。

3.運轉資金的運用與調度之餘額。

4.屬帳外資產的貼現票據及背書轉讓票據之金額，及其所佔比例。

5.借著與過去決算表的比較及其它同業間的比較，找出公司運轉資金的問題點，以及今後所需注意的重要課題。

換言之，可具體分析出下列三種運轉資金的傾向：

(1)應收債權過多的傾向。

(2)存貨過多的傾向。

(3)應付債務過少的傾向。

歸納這些結果，就可掌握實際運轉資金不足的大致原因了。

二、營業額成長所需之運轉資金，不足部份有多少

在一般公司中，應收債權及存貨金額通常都較應付債務爲多，故實際運轉資金一定會有不足的現象，但這裏所要探討的則是，到底不夠「多少」的問題。

圖 13-1　審查運轉資金不足的原因

Y 公司的資產負債表		
本月(4.30 現在)　上月(3.31 現在)		
應收票據　　100　⎤　　　　70　⎤ 應收債權的增加額 40		
應收帳款　　 90　⎦　　　　80　⎦		
商品　　　　 30　⎤　　　　40　⎤		
製品　　　　 70　⎥　　　　90　⎥ 存貨的增加額　　　10		
原材料　　　100　⎥　　　　80　⎥		
半成品　　　 60　⎦　　　　40　⎦		
合計　　　　450　　　　　400　　　　　　　　　50		

應付票據　　 90　⎤　　　　80　⎤ 應收債權的增加額 15		
應付帳款　　 20　⎦　　　　15　⎦		
合計　　　　110　　　　　 95　　　　　　　　　15		

| 淨值運轉資金 340　　　　　305　　運轉資金的不足額 35 | | |

Check1	因營業額增加而導致資金不足的金額爲多少？
Check2	應收債權增加的原因在那些客戶身上？
Check3	調查每件商品、產品等存貨增加的原因。

請參照圖 13-1 的資產負債表。比較 3 月 31 日與 4 月 30 日的運轉資金，此範例中的淨值運轉資金如下：

- 上月淨值運轉資金——305
- 本月淨值運轉資金——340
- 淨值運轉資金下足額——35

意即在這一個月裏，淨值運轉資金不夠 35；讓我們再進一步考慮造成不足的原因。

①由於應收債權的增加而導致可用資金的減少——40。

②由於存貨的增加而導致可用資金的減少——10。

③由於應付債務的增加而使可用資金隨之增加——15。

其間的關係可用下列計算公式表示：

運轉資金的不足額＝（應收債權的增加額＋存貨的增加額）

－應付債務的增加

＝（40＋10）－15＝35

接下來要留意的是，營業額增加時，淨值運轉資金的不足額佔增加額的多少比率？假設上月的營業額爲 1200，本月的營業額 1320，則得知：

- 營業額的增加額——120。
- 淨值運轉資金的不足額——35
- 其比率約爲 30%

換句話說，A 公司的營業額每增加 1000 萬，就會有 300 萬的資金不足現象發生，所以必須於事前擬好籌措 300 萬資金的對策。

三、零庫存的現金買賣是最理想的方式

　　不能說每一家公司都必定會發生淨值運轉資金不足的現象。當然，有些公司甚至屬於淨值運轉資金過剩的形態。若問何種公司屬於此一資金形態時，其中之一就是現金買賣的公司。

　　電力公司或是百貨公司、超級市場、家庭式餐館等行業幾乎都是現金買賣，所以不會發生應收債權。尤其是電力公司連存貨也沒有，更不會為週轉資金所苦。

　　另外一種就是無存貨的公司，也就是無店鋪銷售及沒有商品的買賣，例如通信業及服務業等不需存貨就可做生意，故這類行業對於運轉資金的負擔較少。以前常聽人說：「每天都有現金收入的公司」及「沒有存貨的公司」是很好的公司，其原因就在此。

心得欄

第二節　運轉資金不足時該怎麼辦

一、向銀行借款前，要先徹底審核公司內部的資金

　　一般公司的運轉資金經常會有不足的現象，因此就必須考慮到不足的資金該如何籌措。

　　「錢不夠就去借！」遇到這種問題就立刻這麼回答的經營者，常可以見到，但是請稍等一下，在我們向銀行借款前，還有必須事先完成的工作，那就是「公司內部資金的大掃除」。

　　手邊先備妥資產負債表或試算表，然後從資產負債表的左側開始看起。資產負債表的左側主要表示資金的運用，也就是資金的用途。因此，我們對於資金的用途要做到「不浪費、均衡及合理化」的要求。

　　從表 13-2 的審核要項中，請先過濾出公司現有資金中的可用資金。

表 13-2　公司內部是否做到不浪費、均衡、合理化？

1.手邊現有流動資金	①是否持有過多的現金？
	②支票存款的餘額是否超出所需金額？
	③是否因勉強借款而動用定期存款？
	④手邊是否握有此時出售較為有利的有價證券？
	⑤是否利用利率高的金融商品？

續表

2.存貨	①存貨處理是否能變現？ ②有無可退貨的貨品？ ③滯銷品是否可配合存貨促銷？ ④是否租下多餘不用的倉庫？ ⑤剩餘廢料是否可以賣出？
3.其他流動資產	①有無尚未整理的暫付款？ ②代墊款、預付款是否有可以回收者？ ③有無內容不詳的款項？
4.應收債權	①有無可從票據交易變成現金交易的客戶？ ②有無能以現金回收的客戶？ ③不良債權中有無可能催收者？ ④有無請款過遲的客戶？ ⑤有無下工夫回收款項？
5.應付債務	①是否可延後付款？ ②票據期限是否可延長？ ③統一採購是否較便宜？ ④其他進貨廠商是否可提供更低的價格？ ⑤是否進太多貨了？

二、向金融機構調度資金的三種方法

從公司內部籌措資金，若仍然不夠，就只好向外調度資金了。這時候，若向董事長個人或客戶借款，將來會有麻煩，所以盡可能避免。

　　另外，向高利貸等地下錢莊借錢時，利率很高，所以還是不借爲妙。這麼一來，還是想辦法和往來銀行等金融機構調度資金較爲理想。

圖 13-2　以資產負債表審視手邊的現有資金

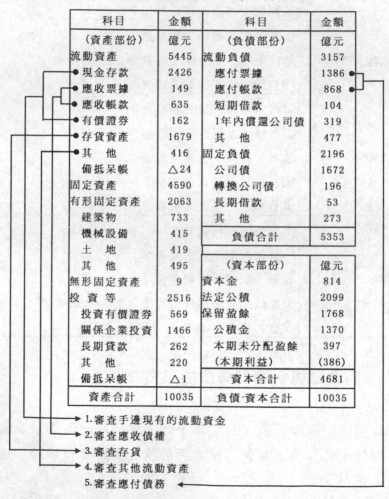

資產負債表的要點（××年 3 月 31 日）

科目	金額	科目	金額
（資產部份）	億元	（負債部份）	億元
流動資產	5445	流動負債	3157
● 現金存款	2426	應付票據	1386 ●
● 應收票據	149	應付帳款	868 ●
● 應收帳款	635	短期借款	104
● 有價證券	162	1年內償還公司債	319
● 存貨資產	1679	其　他	477
● 其　他	416	固定負債	2196
備抵呆帳	△24	公司債	1672
固定資產	4590	轉換公司債	196
有形固定資產	2063	長期借款	53
建築物	733	其　他	273
機械設備	415	負債合計	5353
土　地	419		
其　他	495	（資本部份）	億元
無形固定資產	9	資本金	814
投　資　等	2516	法定公積	2099
投資有價證券	569	保留盈餘	1768
關係企業投資	1466	公積金	1370
長期貸款	262	本期未分配盈餘	397
其　他	220	（本期利益）	(386)
備抵呆帳	△1	資本合計	4681
資產合計	10035	負債·資本合計	10035

　→ 1.審查手邊現有的流動資金
　→ 2.審查應收債權
　→ 3.審查存貨
　→ 4.審查其他流動資產
　　5.審查應付債務 ←

一般而言，要向金融機構調度資金有以下幾種方法：

1.票據貼現

所謂的票據貼現就是指將票據作爲擔保，向銀行借款一事。這種方法不失爲調度不足資金最簡便的方法，因爲這些借款只要票據到期交換後入帳，即可自行償還借款了。

然而，近來不開立票據的公司似乎有增加的趨勢，而且在貼現時又必須支付相當於利息的貼現息，所以也有人不願票據貼現，而以背書轉讓的方式做爲付款工具。

但是，要特別注意的是，與商業買賣無關而以融通資金爲目的開立的「融資票據」。票據原本是用來支付貨款的一項工具，若是爲融通資金而開立票據，則可能會產生一些意想不到的糾紛，因爲這種票據極可能是空頭票據。

另外，還有一些業者在資金週轉發生困難之後，開立沒有記載金額、日期等的「空白支票」，藉以向金融機構調度資金，但是請各位千萬切記，這些票據仍然有可能被濫用或引起一些不利的謠言。

2.透支

所謂透支，就是與有支票存款往來的銀行訂定透支契約，在契約金額範圍內即使有存款不足的情形，銀行也會代爲支付票款的一種契約。

這種制度的優點在於在契約範圍內，不需要一次又一次辦理借款手續即可自動取得借款。但通常在締結透支契約時，都會被銀行要求必須以定期存款等作爲擔保條件。

3. 本票借款

由借款人開出一張以銀行為領收入的本票，換句話說，銀行是以「本票貼現」的方式來融資，但與票據貼現不同的是，本票到期必須立即還款。

此外，一般而言，向銀行等處借款的方式有二種形態：

一種是為了運轉資金或決算資金等營業活動而發生的暫時性資金不足所籌措的借款。

此時，只要開出 3 個月或 6 個月的本票，必要時亦可更換本票以延長期限，並支付該段期間的利息即可。

另一種是針對設備資金等長期性的借款，通常都要立借據以作為借款憑證，而這類長期借款，還必須設定對象做為擔保。

第三節 （案例）營運資金不足，危機四伏

通天企業公司 2009 年年底召開業務檢討計劃會議時，會計部李經理提出了 2008 年有關資產負債表與損益表的資料如下所示，供與會人員參考。

李經理在報告說：72 年純利率為 2.67%，毛利率為 30.67%，一切均在計劃中，可謂差強人意。

又據各部室主管研商，2007 年的銷售及其成本成長率將達10%，除折舊費用外，其他費用將比 2008 年多出 5%。因此純利率將由 2008 年的 2.67%上升到 2009 年的 4.03%。

表 13-3 資產負債資料

單位：千元

現　　金	7000
應收賬款/票據	15000
存　　貨	65000
廠房及設備	20000
應付賬款/票據	16500
應計所得稅	1800
累計折舊	4300
股東權益	20000

表 13-4 損益資料

銷　　貨	75000
銷貨成本	52000
購　　貨	35000
折舊費用	2500
純　　利	2000

表 13-5 損益比較表

	2008 年	2009 年
銷　　貨	75000	82500
銷貨成本	52000	57200
毛　　利	23000	25300
折　　舊	2500	2500
銷管費用	18500	19425
純　　利	2000	3375

以上報告及 2009 年營業計劃，恭請總經理及董事長聖裁。李經理報告完畢後坐下。

董事長高興地聽了報告，笑咪咪地說：太好了，太好了，公司明年如果能達 4%以上淨利，自然撥出淨利的 25%作為員工獎勵。不過 2009 年既然銷售要成長 10%，那期末存貨將會是多少呢？大家要小心，不要囤太多庫存。

採購課李課長聽到有獎賞，自不後人地跳起來說：預計存貨為 1500 萬元。

總經理洪拉天接著又問到：根據營業計劃細則內記載，2009年應計所得稅餘額為零。且營業部有意將應收賬款放寬為 90天，同時，我們的協力廠商亦要求購貨驗收後 60 天付現。那麼依照本公司的慣例，公司內部隨時要保存 500 萬的現金餘額，那麼到底公司的資金夠不夠使用，請李經理說明一下。

李經理一聽，心想為何如此粗心，竟然把這麼重大的事情忘掉，於是趕忙走到黑板前，執起粉筆說明：

2009 年公司可用現金有 2008 年底現金結餘 700 萬元，2008年底應收賬款於 2009 年收現為 1500 萬元，銷貨收入為 8200萬元，但其中有 2625 萬元未能收現，再扣除公司習慣保留 500萬現金，故可用現金共計 7325 萬。

其中未收現的 2625 萬來源為因應應收賬款擬放寬為 90天，因此其應收賬款週轉率則為每年 4 次，即 82500000＋[(15000000＋X)÷2]。

又由期初存貨加進貨減期末存貨分析銷貨成本的公式中，我們可計得 2009 年進貨共 6570 萬。因為進貨改成 60 天付現，

所以平均起來 2009 年的進貨中有 5/6 的貨款需於 2009 年付現，共 5475 萬。再加上 2008 年應付賬/票據需於 2009 年付現共 1650 萬，2008 年應計所得稅付現共 180 萬，2009 年本身費用為 19425000 元，故總共現金支出為 92475000 元。

現金收支相抵，2009 年公司現金將不足 19225000 元，此事很抱歉，一時疏忽忘掉記載於細則中。

不報告還好，這一報告，只見董事長與總經理同時呈現愁容，不足的金額太大了。

現金預算是營業計劃中非常重要的一部份。經驗上說來，很多企業常因欠缺資金預算而無法展開營業，或阻礙業務成長，有的甚或造成週轉不靈。

心得欄 _____

_____

_____

_____

_____

_____

圖 書 出 版 目 錄

下列圖書是由憲業企管顧問（集團）公司所出版，以專業立場，為企業界提供最專業的各種經營管理類圖書。

1. 傳播書香社會，凡向本出版社購買（或郵局劃撥購買），一律 9 折優惠。
   服務電話(02) 27622241　(03) 9310960　　傳真(02) 27620377
2. 請將書款用 ATM 自動扣款轉帳到我公司下列的銀行帳戶。
   銀行名稱：合作金庫銀行　　帳號：5034-717-347447
   公司名稱：憲業企管顧問有限公司
3. 郵局劃撥號碼：18410591　　郵局劃撥戶名：憲業企管顧問公司
4. 圖書出版資料隨時更新，請見網站　www.bookstore99.com
5. ｜電子雜誌贈品｜　回饋讀者，免費贈送《環球企業內幕報導》電子報，
   請將你的 e-mail、姓名，告訴我們編輯部郵箱 huang2838@yahoo.com.tw
   即可。

------經營顧問叢書------

4	目標管理實務	320 元	19	中國企業大競爭	360 元
5	行銷診斷與改善	360 元	21	搶灘中國	360 元
6	促銷高手	360 元	22	營業管理的疑難雜症	360 元
7	行銷高手	360 元	23	高績效主管行動手冊	360 元
8	海爾的經營策略	320 元	25	王永慶的經營管理	360 元
9	行銷顧問師精華輯	360 元	26	松下幸之助經營技巧	360 元
10	推銷技巧實務	360 元	30	決戰終端促銷管理實務	360 元
11	企業收款高手	360 元	32	企業併購技巧	360 元
12	營業經理行動手冊	360 元	33	新產品上市行銷案例	360 元
13	營業管理高手（上）	一套	37	如何解決銷售管道衝突	360 元
14	營業管理高手（下）	500 元	46	營業部門管理手冊	360 元
16	中國企業大勝敗	360 元	47	營業部門推銷技巧	390 元
18	聯想電腦風雲錄	360 元	52	堅持一定成功	360 元

56	對準目標	360元	112	員工招聘技巧	360元
58	大客戶行銷戰略	360元	113	員工績效考核技巧	360元
59	業務部門培訓遊戲	380元	114	職位分析與工作設計	360元
60	寶潔品牌操作手冊	360元	116	新產品開發與銷售	400元
63	如何開設網路商店	360元	122	熱愛工作	360元
69	如何提高主管執行力	360元	124	客戶無法拒絕的成交技巧	360元
71	促銷管理（第四版）	360元	125	部門經營計劃工作	360元
72	傳銷致富	360元	127	如何建立企業識別系統	360元
73	領導人才培訓遊戲	360元	128	企業如何辭退員工	360元
76	如何打造企業贏利模式	360元	129	邁克爾・波特的戰略智慧	360元
77	財務查帳技巧	360元	130	如何制定企業經營戰略	360元
78	財務經理手冊	360元	131	會員制行銷技巧	360元
79	財務診斷技巧	360元	132	有效解決問題的溝通技巧	360元
80	內部控制實務	360元	133	總務部門重點工作	360元
81	行銷管理制度化	360元	134	企業薪酬管理設計	
82	財務管理制度化	360元	135	成敗關鍵的談判技巧	360元
83	人事管理制度化	360元	137	生產部門、行銷部門績效考核手冊	360元
84	總務管理制度化	360元			
85	生產管理制度化	360元	138	管理部門績效考核手冊	360元
86	企劃管理制度化	360元	139	行銷機能診斷	360元
87	電話行銷倍增財富	360元	140	企業如何節流	360元
88	電話推銷培訓教材	360元	141	責任	360元
90	授權技巧	360元	142	企業接棒人	360元
91	汽車販賣技巧大公開	360元	144	企業的外包操作管理	360元
92	督促員工注重細節	360元	145	主管的時間管理	360元
94	人事經理操作手冊	360元	146	主管階層績效考核手冊	360元
97	企業收款管理	360元	147	六步打造績效考核體系	360元
98	主管的會議管理手冊	360元	148	六步打造培訓體系	360元
100	幹部決定執行力	360元	149	展覽會行銷技巧	360元
106	提升領導力培訓遊戲	360元	150	企業流程管理技巧	360元
109	傳銷培訓課程	360元	152	向西點軍校學管理	360元

153	全面降低企業成本	360 元	189	企業經營案例解析	360 元
154	領導你的成功團隊	360 元	191	豐田汽車管理模式	360 元
155	頂尖傳銷術	360 元	192	企業執行力（技巧篇）	360 元
156	傳銷話術的奧妙	360 元	193	領導魅力	360 元
158	企業經營計劃	360 元	194	注重細節（增訂四版）	360 元
159	各部門年度計劃工作	360 元	197	部門主管手冊(增訂四版)	360 元
160	各部門編制預算工作	360 元	198	銷售說服技巧	360 元
			199	促銷工具疑難雜症與對策	360 元
163	只為成功找方法，不為失敗找藉口	360 元	200	如何推動目標管理（第三版）	390 元
			201	網路行銷技巧	360 元
166	網路商店創業手冊	360 元	202	企業併購案例精華	360 元
167	網路商店管理手冊	360 元	204	客戶服務部工作流程	360 元
168	生氣不如爭氣	360 元	205	總經理如何經營公司(增訂二版)	360 元
169	不景氣時期，如何鞏固老客戶	360 元	206	如何鞏固客戶（增訂二版）	360 元
170	模仿就能成功	350 元	207	確保新產品開發成功(增訂三版)	360 元
171	行銷部流程規範化管理	360 元	208	經濟大崩潰	360 元
172	生產部流程規範化管理	360 元	209	鋪貨管理技巧	360 元
173	財務部流程規範化管理	360 元	210	商業計劃書撰寫實務	360 元
174	行政部流程規範化管理	360 元	212	客戶抱怨處理手冊（增訂二版）	360 元
176	每天進步一點點	350 元	214	售後服務處理手冊（增訂三版）	360 元
177	易經如何運用在經營管理	350 元	215	行銷計劃書的撰寫與執行	360 元
178	如何提高市場佔有率	360 元	216	內部控制實務與案例	360 元
180	業務員疑難雜症與對策	360 元	217	透視財務分析內幕	360 元
181	速度是贏利關鍵	360 元	219	總經理如何管理公司	360 元
182	如何改善企業組織績效	360 元	220	如何推動利潤中心制度	360 元
183	如何識別人才	360 元	222	確保新產品銷售成功	360 元
184	找方法解決問題	360 元	223	品牌成功關鍵步驟	360 元
185	不景氣時期，如何降低成本	360 元	224	客戶服務部門績效量化指標	360 元
186	營業管理疑難雜症與對策	360 元	226	商業網站成功密碼	360 元
187	廠商掌握零售賣場的竅門	360 元	227	人力資源部流程規範化管理（增訂二版）	360 元
188	推銷之神傳世技巧	360 元			

228	經營分析	360 元
229	產品經理手冊	360 元
230	診斷改善你的企業	360 元
231	經銷商管理手冊（增訂三版）	360 元
232	電子郵件成功技巧	360 元
233	喬·吉拉德銷售成功術	360 元
234	銷售通路管理實務〈增訂二版〉	360 元
235	求職面試一定成功	360 元
236	客戶管理操作實務〈增訂二版〉	360 元
237	總經理如何領導成功團隊	360 元
238	總經理如何熟悉財務控制	360 元
239	總經理如何靈活調動資金	360 元
240	每天學點經濟學	360 元
241	業務員經營轄區市場（增訂二版）	360 元

《商店叢書》

4	餐飲業操作手冊	390 元
5	店員販賣技巧	360 元
8	如何開設網路商店	360 元
9	店長如何提升業績	360 元
10	賣場管理	360 元
11	連鎖業物流中心實務	360 元
12	餐飲業標準化手冊	360 元
13	服飾店經營技巧	360 元
14	如何架設連鎖總部	360 元
18	店員推銷技巧	360 元
19	小本開店術	360 元
20	365 天賣場節慶促銷	360 元
21	連鎖業特許手冊	360 元

23	店員操作手冊（增訂版）	360 元
25	如何撰寫連鎖業營運手冊	360 元
26	向肯德基學習連鎖經營	350 元
28	店長操作手冊（增訂三版）	360 元
29	店員工作規範	360 元
30	特許連鎖業經營技巧	360 元
32	連鎖店操作手冊（增訂三版）	360 元
33	開店創業手冊〈增訂二版〉	360 元
34	如何開創連鎖體系〈增訂二版〉	360 元
35	商店標準操作流程	360 元
36	商店導購口才專業培訓	360 元

《工廠叢書》

1	生產作業標準流程	380 元
5	品質管理標準流程	380 元
6	企業管理標準化教材	380 元
9	ISO 9000 管理實戰案例	380 元
10	生產管理制度化	360 元
11	ISO 認證必備手冊	380 元
12	生產設備管理	380 元
13	品管員操作手冊	380 元
15	工廠設備維護手冊	380 元
16	品管圈活動指南	380 元
17	品管圈推動實務	380 元
20	如何推動提案制度	380 元
24	六西格瑪管理手冊	380 元
29	如何控制不良品	380 元
30	生產績效診斷與評估	380 元
31	生產訂單管理步驟	380 元
32	如何藉助 IE 提升業績	380 元
34	如何推動 5S 管理（增訂三版）	380 元

35	目視管理案例大全	380 元
36	生產主管操作手冊（增訂三版）	380 元
37	採購管理實務（增訂二版）	380 元
38	目視管理操作技巧(增訂二版)	380 元
39	如何管理倉庫（增訂四版）	380 元
40	商品管理流程控制(增訂二版)	380 元
42	物料管理控制實務	380 元
43	工廠崗位績效考核實施細則	380 元
46	降低生產成本	380 元
47	物流配送績效管理	380 元
49	6S 管理必備手冊	380 元
50	品管部經理操作規範	380 元
51	透視流程改善技巧	380 元
55	企業標準化的創建與推動	380 元
56	精細化生產管理	380 元
57	品質管制手法〈增訂二版〉	380 元
58	如何改善生產績效〈增訂二版〉	380 元
59	部門績效考核的量化管理〈增訂三版〉	380 元
60	工廠流程管理〈增訂二版〉	380 元
61	生產現場管理實戰案例〈增訂二版〉	380 元

《醫學保健叢書》

1	9 週加強免疫能力	320 元
2	維生素如何保護身體	320 元
3	如何克服失眠	320 元
4	美麗肌膚有妙方	320 元
5	減肥瘦身一定成功	360 元

6	輕鬆懷孕手冊	360 元
7	育兒保健手冊	360 元
8	輕鬆坐月子	360 元
9	生男生女有技巧	360 元
10	如何排除體內毒素	360 元
11	排毒養生方法	360 元
12	淨化血液　強化血管	360 元
13	排除體內毒素	360 元
14	排除便秘困擾	360 元
15	維生素保健全書	360 元
16	腎臟病患者的治療與保健	360 元
17	肝病患者的治療與保健	360 元
18	糖尿病患者的治療與保健	360 元
19	高血壓患者的治療與保健	360 元
21	拒絕三高	360 元
22	給老爸老媽的保健全書	360 元
23	如何降低高血壓	360 元
24	如何治療糖尿病	360 元
25	如何降低膽固醇	360 元
26	人體器官使用說明書	360 元
27	這樣喝水最健康	360 元
28	輕鬆排毒方法	360 元
29	中醫養生手冊	360 元
30	孕婦手冊	360 元
31	育兒手冊	360 元
32	幾千年的中醫養生方法	360 元
33	免疫力提升全書	360 元
34	糖尿病治療全書	360 元
35	活到 120 歲的飲食方法	360 元

36	7天克服便秘	360元
37	爲長壽做準備	360元

《幼兒培育叢書》

1	如何培育傑出子女	360元
2	培育財富子女	360元
3	如何激發孩子的學習潛能	360元
4	鼓勵孩子	360元
5	別溺愛孩子	360元
6	孩子考第一名	360元
7	父母要如何與孩子溝通	360元
8	父母要如何培養孩子的好習慣	360元
9	父母要如何激發孩子學習潛能	360元
10	如何讓孩子變得堅強自信	360元

《成功叢書》

1	猶太富翁經商智慧	360元
2	致富鑽石法則	360元
3	發現財富密碼	360元

《企業傳記叢書》

1	零售巨人沃爾瑪	360元
2	大型企業失敗啓示錄	360元
3	企業併購始祖洛克菲勒	360元
4	透視戴爾經營技巧	360元
5	亞馬遜網路書店傳奇	360元
6	動物智慧的企業競爭啓示	320元
7	CEO拯救企業	360元
8	世界首富　宜家王國	360元
9	航空巨人波音傳奇	360元
10	傳媒併購大亨	360元

《智慧叢書》

1	禪的智慧	360元
2	生活禪	360元
3	易經的智慧	360元
4	禪的管理大智慧	360元
5	改變命運的人生智慧	360元
6	如何吸取中庸智慧	360元
7	如何吸取老子智慧	360元
8	如何吸取易經智慧	360元
9	經濟大崩潰	360元
10	每天學點經濟學	360元

《DIY叢書》

1	居家節約竅門DIY	360元
2	愛護汽車DIY	360元
3	現代居家風水DIY	360元
4	居家收納整理DIY	360元
5	廚房竅門DIY	360元
6	家庭裝修DIY	360元
7	省油大作戰	360元

《傳銷叢書》

4	傳銷致富	360元
5	傳銷培訓課程	360元
7	快速建立傳銷團隊	360元
9	如何運作傳銷分享會	360元
10	頂尖傳銷術	360元
11	傳銷話術的奧妙	360元
12	現在輪到你成功	350元
13	鑽石傳銷商培訓手冊	350元
14	傳銷皇帝的激勵技巧	360元
15	傳銷皇帝的溝通技巧	360元

16	傳銷成功技巧（增訂三版）	360 元
17	傳銷領袖	360 元

《財務管理叢書》

1	如何編制部門年度預算	360 元
2	財務查帳技巧	360 元
3	財務經理手冊	360 元
4	財務診斷技巧	360 元
5	內部控制實務	360 元
6	財務管理制度化	360 元
8	財務部流程規範化管理	360 元
9	如何推動利潤中心制度	360 元
10	總經理如何熟悉財務控制	360 元
11	總經理如何靈活調動資金	360 元

《培訓叢書》

1	業務部門培訓遊戲	380 元
2	部門主管培訓遊戲	360 元
3	團隊合作培訓遊戲	360 元
4	領導人才培訓遊戲	360 元
8	提升領導力培訓遊戲	360 元
9	培訓部門經理操作手冊	360 元
11	培訓師的現場培訓技巧	360 元
12	培訓師的演講技巧	360 元
14	解決問題能力的培訓技巧	360 元
15	戶外培訓活動實施技巧	360 元
16	提升團隊精神的培訓遊戲	360 元
17	針對部門主管的培訓遊戲	360 元
18	培訓師手冊	360 元
19	企業培訓遊戲大全（增訂二版）	360 元

為方便讀者選購，本公司將一部分上述圖書又加以專門分類如下：

《企業制度叢書》

1	行銷管理制度化	360 元
2	財務管理制度化	360 元
3	人事管理制度化	360 元
4	總務管理制度化	360 元
5	生產管理制度化	360 元
6	企劃管理制度化	360 元

《主管叢書》

1	部門主管手冊	360 元
2	總經理行動手冊	360 元
3	營業經理行動手冊	360 元
4	生產主管操作手冊	380 元
5	店長操作手冊（增訂版）	360 元
6	財務經理手冊	360 元
7	人事經理操作手冊	360 元

《總經理叢書》

1	總經理如何經營公司(增訂二版)	360 元
2	總經理如何管理公司	360 元
3	總經理如何領導成功團隊	360 元
4	總經理如何熟悉財務控制	360 元
5	總經理如何靈活調動資金	360 元
6	如何推動利潤中心制度	360 元
7	領導魅力	360 元

《人事管理叢書》

1	人事管理制度化	360 元
2	人事經理操作手冊	360 元
3	員工招聘技巧	360 元
4	員工績效考核技巧	360 元
5	職位分析與工作設計	360 元

6	企業如何辭退員工	360 元
7	總務部門重點工作	360 元
8	如何識別人才	360 元
9	人力資源部流程規範化管理（增訂二版）	360 元

《理財叢書》

1	巴菲特股票投資忠告	360 元
2	受益一生的投資理財	360 元
3	終身理財計劃	360 元
4	如何投資黃金	360 元
5	巴菲特投資必贏技巧	360 元
6	投資基金賺錢方法	360 元
7	索羅斯的基金投資必贏忠告	360 元
8	巴菲特為何投資比亞迪	360 元

《網路行銷叢書》

1	網路商店創業手冊	360 元
2	網路商店管理手冊	360 元
3	網路行銷技巧	360 元
4	商業網站成功密碼	360 元
5	電子郵件成功技巧	360 元
6	搜索引擎行銷密碼(即將出版)	

《經濟叢書》

1	經濟大崩潰	360 元
2	石油戰爭揭秘(即將出版)	

建立企業圖書館

當市場競爭激烈時：

培訓員工，強化員工競爭力
是企業最佳對策

「人才」是企業最大的財富。如何提升人才，是企業永續經營、戰勝對手的核心競爭力。積極培訓公司內部員工，是經濟不景氣時期的最佳戰略，而最快速的具體作法，就是**「建立企業內部圖書館，鼓勵員工多閱讀、多進修專業書籍」**

建議您：請一次購足本公司所出版各種經營管理類圖書，作為貴公司內部員工培訓圖書。（使用率高的，準備多本；使用率低的，只準備一本。）

最 暢 銷 的 商 店 叢 書

	名 稱	說 明	特 價
1	速食店操作手冊	書	360 元
4	餐飲業操作手冊	書	390 元
5	店員販賣技巧	書	360 元
6	開店創業手冊	書	360 元
8	如何開設網路商店	書	360 元
9	店長如何提升業績	書	360 元
10	賣場管理	書	360 元
11	連鎖業物流中心實務	書	360 元
12	餐飲業標準化手冊	書	360 元
13	服飾店經營技巧	書	360 元
14	如何架設連鎖總部	書	360 元
15	〈新版〉連鎖店操作手冊	書	360 元
16	〈新版〉店長操作手冊	書	360 元
17	〈新版〉店員操作手冊	書	360 元
18	店員推銷技巧	書	360 元
19	小本開店術	書	360 元
20	365 天賣場節慶促銷	書	360 元
21	科學化櫃檯推銷技巧	4 片（CD 片）	買 4 本商店叢書的贈品 CD 片（1800 元）

上述各書均有在書店陳列販賣，若書店賣完，而來不及由庫存書補充上架，請讀者直接向店員詢問、購買，最快速、方便！

好消息

贈送

凡向**出版社**一次劃撥購買上述圖書 4 本（含）以上，贈送「科學化櫃檯推銷技巧」（CD 片教材，一套 4 片）。

請透過郵局劃撥購買：

　　郵局劃撥戶名：憲業企管顧問公司

　　郵局劃撥帳號：18410591

使用**培訓**，提升企業競爭力

是萬無一失、事半功倍的方法。

其效果更具有超大的「投資報酬力」！

好消息

最 暢 銷 的 工 廠 叢 書

名　稱	特价	名稱	特價
1 生產作業標準流程	380 元	2 生產主管操作手冊	
3 目視管理操作技巧	380 元	4 物料管理操作實務	380 元
5 品質管理標準流程	380 元	6 企業管理標準化教材	380 元
7 如何推動 5S 管理	380 元	8 庫存管理實務	380 元
9 ISO 9000 管理實戰案例	380 元	10 生產管理制度化	380 元
11 ISO 認證必備手冊	380 元	12 生產設備管理	380 元
13 品管員操作手冊	380 元	14 生產現場主管實務	380 元
15 工廠設備維護手冊	380 元	16 品管圈活動指南	380 元
17 品管圈推動實務	380 元	18 工廠流程管理	380 元
19 生產現場改善技巧		20 如何推動提案制度	380 元
21 採購管理實務	380 元	22 品質管制手法	380 元
23		24 六西格瑪管理手冊	380 元
25 商品管理流程控制	380 元		

上述各書均有在書店陳列販賣，若書店賣完，而來不及由庫存書補充上架，請讀者直接向店員詢問、購買，最快速、方便！

請透過郵局劃撥購買：

郵局劃撥戶名：憲業企管顧問公司

郵局劃撥帳號：18410591

回饋讀者，免費贈送《環球企業內幕報導》電子報，請將你的
e-mail、姓名，告訴我們 huang2838@yahoo.com.tw 即可。

經營顧問叢書 ㉟   售價：360 元

總經理如何靈活調動資金

西元二○一○年七月   初版一刷

編著：丁元恒

策劃：麥可國際出版有限公司（新加坡）

編輯：蕭玲

校對：焦俊華

發行人：黃憲仁

發行所：憲業企管顧問有限公司

電話：(02) 2762-2241   (03) 9310960   0930872873

臺北聯絡處：臺北郵政信箱第 36 之 1100 號

銀行 ATM 轉帳：合作金庫銀行   帳號：5034-717-347447

郵政劃撥：18410591   憲業企管顧問有限公司

江祖平律師顧問：紙品書、數位書著作權與版權均歸本公司所有

登記證：行政業新聞局版台業字第 6380 號

本公司徵求海外版權出版代理商 (0930872873)

ISBN：978-986-6421-64-8

擴大編制，誠徵新加坡、臺北編輯人員，請來函接洽。